Paulo Couceiro

Espectros de Respuesta en Voladuras Subacuáticas

Paulo Couceiro

Espectros de Respuesta en Voladuras Subacuáticas

Análisis y Predicción

PUBLICIA

Imprint
Any brand names and product names mentioned in this book are subject to trademark, brand or patent protection and are trademarks or registered trademarks of their respective holders. The use of brand names, product names, common names, trade names, product descriptions etc. even without a particular marking in this work is in no way to be construed to mean that such names may be regarded as unrestricted in respect of trademark and brand protection legislation and could thus be used by anyone.

Cover image: www.ingimage.com

Publisher:
PUBLICIA
is a trademark of
International Book Market Service Ltd., member of OmniScriptum Publishing Group
17 Meldrum Street, Beau Bassin 71504, Mauritius

Printed at: see last page
ISBN: 978-3-639-55866-1

PRÓLOGO

Las voladuras subacuáticas son esenciales en los procesos de excavación de rocas en ambientes acuáticos; sean para la profundización de puertos o para apertura de canales de navegación. Sin embargo, los efectos medioambientales observados en las detonaciones de cargas explosivas en medios acuáticos pueden ser potencialmente peligrosos. Las ondas hidrodinámicas producidas durante la detonación de cargas explosivas – sean por cargas confinadas o no confinadas – generan perturbaciones sísmicas de gran relevancia. La aportación extra de energía que se produce a través de las ondas hidrodinámicas – normalmente en componente de bajas frecuencias – potencializa la peligrosidad sísmica en las estructuras civiles. Por lo tanto, comprender sus efectos en términos espectrales y temporales se torna esencial para el éxito de las operaciones de voladuras subacuáticas.

SUMÁRIO

1
INTRODUCCIÓN

La fragmentación de materiales rocosos para la confección de utensilios de uso doméstico, herramientas y armas de caza, además de aperturas y excavaciones en roca para obras de construcción civil y de transformación, entre otras, siempre ha acompañado la humanidad a lo largo de su ascensión tecnológica. Durante esta escalada, diversas formas de energía han sido utilizadas con el propósito de fragmentar los macizos rocosos, desde técnicas primitivas como la quiebra manual a modernas tecnologías que utilizan excavación mecánica y energía termoquímica desarrollada por los explosivos industriales.

Sin embargo, no fue hasta el siglo XVII, probablemente en Hungría, que la aplicación de los explosivos – como a pólvora negra – en la industria civil y minería se tornaría una práctica generalizada para la apertura de caminos o túneles (Sanchidrián & Muñiz, 2000). En este contexto, la Revolución Industrial del siglo XIX y el consecuente desarrollo observado durante todo el siglo XX y la primera década del XXI, serían muy difíciles sin los beneficios aportados por la aplicación de los explosivos en escala industrial. Estos han permitido la viabilidad de obras de infraestructuras importantes – aperturas de caminos, túneles, canales de navegación, puertos, etc. – en tiempos récord, además de la extracción de los recursos minerales esenciales y necesarios para la industria (Sanchidrián & Muñiz, 2000).

Históricamente, los explosivos han presentado una vasta diversidad de aplicaciones: desde naturaleza militar, programas espaciales, pasando por la fragmentación de rocas en canteras, minería, obras públicas y civiles, a la soldadura de metales, avalanchas controladas, extinción de incendios, entre otros. No obstante, dentro del ámbito de las aplicaciones civiles, su uso más significativo se encuentra inmerso en los trabajos de fragmentación y excavaciones de rocas o suelos muy compactados.

En esta línea, se encuentra los trabajos de excavación y dragado de rocas o suelos compactados a través de la aplicación de explosivos para la construcción de canales fluviales y marítimos, ensanche y profundización de puertos, preparación de fundaciones de estructuras submarinas y, incluso, demoliciones de estructuras sumergidas, entre otros.

Existen registros o conocimiento con más de 2000 años sobre actividades relacionadas a los fenicios y griegos antiguos sobre trabajos de excavación de materiales rocosos sumergidos en muchos puertos naturales del Norte y Este del mediterráneo (Abrahams, 1974). Sin embargo, los barcos y buques de transporte marítimos vienen aumentando de tamaño año tras año en una proporción asustadora, conducida por la expansión del mercado internacional. Como consecuencia, puertos y canales existentes por todo el mundo se enfrentan a la necesidad de ser ampliados para continuaren a ser competitivos frente esta demanda.

Con el adviento de la dinamita, explosivo de base nitroglicerinada, creado por Alfred Nobel en el año 1863, resistente al agua, es que el uso de la energía de los explosivos en operaciones subacuáticas se ha tornado viable técnica y económicamente. Como consecuencia, en paralelo al desarrollo de máquinas de perforación adecuadas, proyectos de excavación subacuática antes impensables se han materializado posibles de ser realizadas, aún a finales del siglo XIX. En 1888, durante la construcción del Canal de Panamá (1880-1914), se han realizado voladuras subacuáticas con una de las primeras perforadoras subacuáticas, desarrolladas por los franceses (Abrahams, 1974).

Desde entonces, la tecnología de los explosivos y de los sistemas de perforación se ha desarrollado fuertemente, principalmente durante los últimos 60 años. La forma técnico-operativa de las voladuras subacuáticas o submarinas como la conocemos en la actualidad es relativamente nueva; su origen remonta a la década de los 50 con la aplicación de las primeras plataformas del tipo OD "*Overburden Drilling*" y luego las del tipo ODEX "*Eccentric Overdurden Drilling*" y el desarrollo de agentes explosivos tipo hidrogeles y emulsiones, que además de presentaren una muy buena resistencia al agua, son más seguros de manejar, transportar y almacenar que las dinamitas.

En paralelo a este panorama de desarrollo tecnológico y demandas de producción, surge como agente limitante de las operaciones de excavación de rocas con explosivos – por lo menos en el sentido de su uso indiscriminado – los efectos indeseables como ruidos, sobrepresión atmosférica y vibraciones en el terreno, que pueden ocasionar molestias a las poblaciones vecinas a la operación y daños importantes a estructuras civiles.

Los niveles de vibraciones asociadas a las voladuras subacuáticas pueden verse potencialmente incrementados debido a la combinación de las ondas sísmicas que se propagan por el medio sólido y las ondas de choque hidráulicas que se propagan por el medio acuático (Abrahams, 1974). Por otro lado, las vibraciones generadas por las voladuras subacuáticas normalmente vienen acompañadas por componentes energéticos en bajas frecuencias, incrementando la peligrosidad frente a las estructuras civiles.

El interesante umbral que se define entre el incremento potencial de los daños asociados a las componentes energéticas observadas en rangos de baja frecuencias y sus efectos sobre las amplificaciones sufridas por las estructuras es la principal motivación del estudio realizado en este trabajo. Se realizará, pues, una revisión bibliográfica sobre los principales aspectos relacionados a las voladuras subacuáticas, evidenciando los fenómenos más comunes observados en detonaciones de cargas explosivas confinadas en barrenos y características de las vibraciones en la superficie del terreno.

Por otro lado, se realizarán análisis estadísticos para la determinación de las leyes de atenuación del terreno para los desplazamientos, velocidades y aceleraciones de partículas. Además, de los espectros de frecuencias de Fourier, se estimarán las frecuencias dominantes en las historias temporales, calculando, pues, los rangos de frecuencias dominantes del fenómeno sísmico de forma análoga a la propuesta por Dowding (1985). Se calcularán los espectros de respuesta de la pseudo-velocidad, matizando las principales diferencias entre los espectros calculados, y, consecuentemente, los factores de amplificación sufridos por las estructuras. En la continuación, se realizará una correlación entre las distancias escalonadas o reducidas – que incorporan la carga máxima instantánea o por retardo detonada y la distancia hasta el punto de observación. Finalmente, con los factores de amplificación observados para los desplazamientos, velocidades y aceleraciones de partículas, se procederá a realizar una predicción de los contornos espectrales de respuesta para las voladuras subacuáticas.

2
PARÁMETROS DE VOLADURA: ENFOQUE SUBACUÁTICO

De forma general, las voladuras de rocas por explosivos son indicadas cuando el material a arrancar o desmontar es competente lo suficiente para que la excavación mecánica u otra tecnología no sea más viable técnica y/o económicamente. Desde del siglo XVII, con la aplicación de la pólvora, el uso de explosivos se ha tornado uno de los métodos más difundidos y utilizamos en la industria. No obstante, se puede presentar la necesidad de realizar trabajos de excavación y arranque de rocas en los más diversos tipos de ambientes, como seria las realizadas *en superficie*, *subterránea* y/o *subacuática*.

Cuando la excavación o el arranque de la roca toma lugar en un ambiente bajo agua, se aplican técnicas especiales de voladura que son conocidas como *voladuras subacuáticas* o *submarinas*. La voladura subacuática es una etapa fundamental en muchos trabajos de construcción y/o profundización de puertos, canales de navegación, cauces fluviales, excavaciones para tuberías, cables de comunicación, demoliciones de estructuras hundidas y otros trabajos más especializados que necesitan de la asistencia de especialistas.

Por consiguiente, cuando se ataca un proyecto de excavación de rocas, el dimensionamiento de los parámetros o elementos de voladura, la evaluación de las condiciones y requisitos específicos, limitaciones normativas y medioambientales, además de su planificación operativa, se tornan factores fundamentales para el éxito del proyecto. Así pues, una de las etapas indispensables durante la fase preoperacional y durante toda la vida del proyecto es la elaboración de los *diseños de voladura*.

El eficiente dimensionamiento de los elementos o parámetros del *diseño de voladuras*, cuanto a la especificación y aplicación de la energía desarrollada por la detonación de un explosivo, es resultado del relativo control sobre la repartición de esta energía en sus diversas formas: fragmentación, desplazamiento, vibraciones, onda aérea, ruidos y calor, a fin de obtener resultados que cumplan con las especificaciones preestablecidas de proyecto en términos económicos, de diseño, producción y limitaciones medio ambientales establecidas por la norma.

En un proyecto de voladura, existen dos grupos de parámetros que pueden ser clasificados como *controlables* y *no controlables*.

Los parámetros *no controlables* son aquellos que son invariantes en el proyecto o a los que no tenemos poder de cambiar sus propiedades. Los principales parámetros *no controlables* son los tipos de rocas y macizos rocosos, pues sus propiedades, como la resistencia, discontinuidades estructurales, velocidad sísmica, propiedades elásticas, anisotropías, entre otras son inmutables. Asimismo, las condiciones ambientales del proyecto son parámetros *no controlables*. La caracterización de estos ambientes se debe llevar a cabo en el proceso de diseño del proyecto de voladura. Esta podrá imponer condiciones o limitaciones técnicas importantes y definirá la metodología y materiales utilizados para realizar dicho trabajo.

Los *parámetros controlables* son aquellos elementos que permiten un completo poder sobre su dimensionamiento. Son clasificados en *Geométricos*, *Fisicoquímico* y *Secuencia de Iniciación*:

(i) Los parámetros geométricos son aquellos elementos que caracterizan la distribución espacial de los barrenos, su forma y dimensión, en el volumen de roca a ser excavado.

(ii) El fisicoquímico está relacionado con la caracterización del explosivo a ser utilizado, la forma de aplicación (manual o mecánico), propiedades energéticas, velocidad de detonación, resistencia a la presencia de agua, entre otros.

(iii) Finalmente, la secuencia de iniciación se refiere a la determinación de los tiempos de retardos ideales en la secuencia de detonación de los barrenos en la voladura, además de la tecnología de los mismos.

Por lo tanto, el diseño de voladura constituye, primeramente, en la evaluación y caracterización de las variables *no controlables* para proceder con el dimensionamiento de los parámetros *controlables* como las cargas explosivas, la ordenación geométrica de los barrenos, tipos de sistemas de iniciación y secuenciación de la detonación, de forma a compatibilizar la granulometría deseada del material volado con los equipos de cargas y transporte, minimizando los efectos ambientales generados por las detonaciones cuando estas sean factores limitantes en el proyecto.

La disponibilidad de métodos de cálculos y expresiones matemáticas más comunes – desarrolladas en las últimas décadas – son direccionadas a las voladuras en superficie, más precisamente a las *voladuras en bancos*. Aunque exista evidencia de que ya en 1725, el francés Belidor tenga establecido una relación matemática que correlacionaba una parte de la masa del explosivo con la superficie y volumen obtenidos (Sanchidrián & Muñiz, 2000), no fue sino a partir de los años 1950, que una gran variedad de fórmulas y métodos de cálculo de los elementos o parámetros geométricos de la voladura empezaran a ser divulgadas (Andersen, 1952; Fraenkel, 1954; Pearse, 1955; Hino, 1959; Allsman, 1960; Ash, 1963; Langefors & Kihlstrom, 1978; Hansen, 1967; Ucar, 1978; Konya, 1972; Foldesi, 1980; Praillet, 1980; Lopez Jimeno, 1980; Berta; 1985; Carr, 1985; Olofsson, 1990; Rustan, 1990; Roy and Syngh, 1998). La contribución y los esfuerzos de estos y muchos otros autores a lo largo de las últimas décadas, direccionan el diseño de voladuras a un nivel superior, basándose en principios de una ciencia relativamente nueva.

2.1 Voladuras Subacuáticas

En términos de la *técnica de voladuras*, en su concepción más pura y considerando algunas particularidades, una *voladura subacuática* puede ser comparada a una voladura en superficie o en bancos. Las diferencias básicas recaen en que las voladuras submarinas normalmente presentan como superficie libre la propia superficie superior de la roca – o sea, es la superficie normal a la longitud de carga – donde la columna de agua y material de recubrimiento que gravita encima ejerce un empuje o presión (Lopez Jimeno, et al., 1995), que al final, favorece a la fase del confinamiento de los gases dentro de la roca en una fracción de tiempo superior a lo que pasaría en una voladura en superficie.

Sin embargo, cuando se ejecutan voladuras sucesivas en áreas adyacentes unas a las otras, además de la superficie libre superior, hay la presencia de una pseudo-cara libre, paralela a la longitud de carga, en la interfaz con el volumen fragmentado de la voladura adyacente. La presencia de esta pseudo-cara libre favorece a la reflexión de las ondas de choque en la fase dinámica de la detonación. No obstante, el volumen de roca fragmentada impide que el material volado de la nueva voladura se desplace en dirección de esta nueva superficie, manteniendo el efecto del confinamiento, pero en un grado un poco menor que en el comentado inicialmente. Tal confinamiento favorece a que una mayor parcela de la energía desarrollada por el explosivo se manifieste en forma de ondas sísmicas, contribuyendo para unos niveles de vibraciones superiores a los encontrados normalmente en voladuras en superficie.

Otro factor recurrente en voladuras submarinas es la probabilidad de que ocurran errores en la perforación – en el emboquille y desviaciones de los barrenos – que afectan al rendimiento de la voladura promoviendo una mala fragmentación y una consecuente posibilidad en el aumento de las vibraciones. En plataformas de perforación modernas, controladas con posicionamiento GPS y un sistema de anclaje eficiente, estos errores prácticamente desaparecen.

2.1.1 Parámetros Geométricos

Los parámetros geométricos se encuadran entre las variables controlables de cálculo y diseño de las voladuras. Por lo tanto, conviene presentar la definición de los parámetros geométricos característicos más comunes asociados a una voladura de roca por cargas explosivas. La mayoría de estas variables geométricas aportan una considerable influencia sobre los niveles de las vibraciones generadas por la voladura (Lopez Jimeno, et al., 2003).

2.1.1.1 Diámetro de Perforación

El diámetro de perforación está íntimamente relacionado a la altura de los bancos, inversamente a la dimensión media de la fragmentación resultante e inevitablemente vinculado a los diámetros críticos o límite del explosivo. La combinación de estos tres factores determina el rango de diámetros posibles aplicados al dimensionamiento de la voladura.

El aumento del diámetro de perforación conlleva a un inevitable aumento de la carga operante de la voladura. El volumen del barreno aumenta con el cuadrado del diámetro, permitiendo que una mayor cantidad de explosivo sea cargada por metro lineal. Además, en las detonaciones subacuáticas de cargas explosivas confinadas en barrenos, la carga efectiva que contribuye a la transmisión de las ondas hidrodinámicas al medio acuático es proporcional a 5 veces el diámetro (Gil'manov, 1984).

2.1.1.2 Altura de banco

Es la altura medida verticalmente desde el topo del banco hasta la línea de corte de la base de la excavación del proyecto, que configura la forma geométrica que compone el bloque de trabajo excavado. La altura del banco está relacionada con diversos conceptos, desde los niveles de producción requeridos, características geológicas y/o geotécnicas, equipamientos de excavación disponibles, resultados deseados de fragmentación y limitaciones medioambientales.

En voladuras subacuáticas, los bancos son definidos de acuerdo con la espesura de la camada de roca a ser excavada, que por su vez suele ser relativamente pequeña. Sin embargo, la connotación de banco en estas operaciones es un tanto distinta de las aplicadas en voladuras en superficie. En voladuras submarinas, la práctica común es remover el material fragmentado de la voladura adyacente solamente después de que se ejecutan todas las voladuras de la zona, para evitar la presencia de los equipos de dragado y perforación y voladura simultáneamente en la misma área. Por lo tanto, teniendo en cuenta el diámetro de perforación, la producción y la fragmentación requerida, se define la longitud mínima a aplicar al barreno, controlando o regulando a sobre-perforación necesaria, tal que la perforación específica sea óptima, y la distribución de energía a lo largo del barreno sea la mínima aceptable.

Por otro lado, la altura de banco está íntimamente relacionada al confinamiento de las cargas explosivas en la voladura. Si la relación H/B (altura de banco/piedra) es menor que 2, el nivel de confinamiento es relativamente grande, ocasionando una repartición ineficiente, en términos de fragmentación y desplazamiento del material volado, de la energía del explosivo, lo que conlleva a una mayor canalización de energía en términos de vibraciones. Voladuras subacuáticas suelen presentar unas relaciones de rigideces muy elevados, que pueden influir negativamente sobre las vibraciones observadas en tierra.

2.1.1.3 Piedra y Espaciamiento

La piedra (B) es sin duda uno de los parámetros geométricos más importantes en el diseño de voladuras de roca. Se ha tornado durante la última mitad del siglo XX el foco de publicación de numerosas expresiones empíricas con el objetivo de obtener su valor. Es definida como la distancia del eje de la primera fila de barrenos hasta la cara-libre o hasta el eje de la fila de barrenos adyacentes. La dimensión de la piedra está relacionada, por otro lado, al ritmo de avance de la excavación del proyecto.

La dimensión de la piedra define, entre otras cosas, la forma como las ondas de choque se interrelacionan en el banco. Una piedra excesiva incrementa el grado de confinamiento del banco, disminuyendo la capacidad de fragmentación de la roca e impidiendo una buena acción de los gases frente al desplazamiento de los bloques fragmentados. Como efecto colateral, una mayor parte de la energía se manifiesta en forma de energía sísmica, incrementando los niveles de vibración observados. Por otro lado, si la piedra es demasiadamente pequeña, las ondas de choque promueven una excesiva fragmentación, permitiendo que los gases escapen a una gran velocidad, acelerando el movimiento de los bloques de roca de forma descontrolada.

Una de las expresiones más conocidas para el cálculo de la piedra es la propuesta por Langefors & Kihlstrom (1978), en el cual relacionan propiedades de la roca, barrenos y explosivos, siendo expresada como

$$B = \frac{D}{33}\left[\frac{\rho_e \cdot RWS}{\bar{c} \cdot f \cdot (S/B)}\right]^{1/2} \tag{2.1}$$

donde B es la piedra máxima (m); D es el diámetro del barreno (mm); $\bar{c}$ es una constante de la roca; f es un factor de fijación; S/B es la relación entre espaciamiento y piedra; ρ_e es la densidad del explosivo (kg/dm^3); y RWS es la potencia relativa en peso del explosivo.

El espaciamiento (S) es definido como la distancia entre barrenos de la misma fila o línea. Su dimensionamiento está interrelacionado con la piedra, formando las cuadriculas o mallas de perforación. Por otro lado, factores relacionados a los tiempos de secuenciación aplicados y punto de iniciación contribuyen para la definición de su valor. Espaciamientos muy pequeños promueven una alta concentración de ondas compresivas en la línea de barrenos, que acaban por triturar la roca y facilitar la perdida de energía semi-estática. Por otro lado, cuando su valor es excesivo, la distribución de energía pasa a ser muy irregular, lo que favorece a la presencia de una mala fragmentación, problemas con la línea de corte remaneciente y repies.

Las mallas de perforación pueden ser cuadradas, rectangulares o tresbolillo. Entre los tres, la más efectiva en términos de distribución de energía es la malla en tresbolillo, que alcanza el máximo cuando S = 1.15 B. En las mallas cuadradas, cuando comparadas con su equivalente en tresbolillo, presentan un 23% menos de energía al analizar un punto equidistante de los barrenos (López Jimeno, et al., 2003).

La configuración aplicada a los valores de la piedra y espaciamiento define fuertemente el comportamiento de la voladura. Normalmente, el espaciamiento es mayor o igual al valor atribuido a la piedra, lo que conlleva a un mejor aprovechamiento de las reflexiones de las ondas de choque en la cara libre, proporcionando una mejor fragmentación y uniformidad. Por otro lado, cuando se emplean valores para el espaciamiento menores que lo de la piedra, grandes bloques son esperados o incluso, cortes bien definidos en las líneas de barrenos debido la alta concentración de ondas de choque compresivas entre los barrenos.

2.1.1.4 Retacado

El retacado es la parte superior de la longitud del barreno en que se rellena con material inerte con el fin de confinar la carga explosiva en el interior del macizo rocoso, evitando el escape prematuro de los gases y promoviendo un mejor aprovechamiento de la fase semi-estática en el proceso de fragmentación y desplazamiento del material.

Para un correcto dimensionamiento del retacado, se debe considerar el tipo y granulometría del material utilizado, factores geológicos y geomecánicos, así como el valor de la piedra considerada en el diseño. El valor máximo del retacado suele estar asociado al valor de la piedra aplicada. Sin embargo, si existen estructuras de discontinuidades geomecánicas o estructurales horizontales en la región del topo de la carga, las reflexiones y transmisiones de las ondas de choque pueden afectar la fragmentación en la parte superior del banco. De esta forma, la proporción del retacado-piedra puede ser reducido a fin de mejorar la fragmentación.

Experiencias prácticas evidencian que la proporción de un 70% de la piedra es una razonable aproximación para el control de los soplos de aire y el balance energético en la parte superior del banco (Ash, 1963). Rolim (2006), considerando las pérdidas de energía del choque de hasta un 50% en esta región debido a la acción de detonaciones anteriores, sugiere que esa pérdida energética sea compensada por una reducción en la longitud del retacado de hasta un 50% de su valor máximo.

Por otro lado, en las voladuras subacuáticas, el peso que ejerce la columna de agua sobre la superficie superior del banco y, consecuentemente, sobre los barrenos, ayudan a confinar parcialmente los explosivos. Esto permite trabajar con longitudes de retacado inferiores a los observados en voladuras en superficie. Sin embargo, un retacado insuficiente genera un escape prematuro de los gases hacía en el medio acuático, permitiendo una mayor transmisión de energía en forma de ondas de choque.

2.1.1.5 Sobre-Perforación

La sobre-perforación es el incremento de longitud dada al barreno a fin de evitar la formación de repies. Su dimensionamiento es basado en los ángulos de rotura de la roca, que, en su mayoría, oscila entre los 15° y 25° (Hoek & Bray, 1977), lo cual asume valores que varían desde 20% hasta 30% veces el valor aplicado a la piedra. Por otro lado, la concentración de energía del explosivo en el fondo del barreno también condiciona la decisión de su dimensionamiento, una vez que aporta una mayor fragmentación en esta región.

No obstante, en voladuras submarinas, debido a la presencia de bancos muy bajos, la sobre-perforación puede ser dimensionada de tal forma a incrementar la longitud del barreno, garantizando un mínimo de longitud para la distribución de la energía. Esto implica considerar unos bancos efectivos mayores, una vez que el concepto de bancos en estos tipos de operaciones tiene una connotación un poco distinta de las voladuras en superficie.

2.1.2 Parámetros Fisicoquímicos

Los explosivos o mezclas explosivas son sustancias que, cuando debidamente estimuladas por una fuente de energía externa, son capaces de reaccionar exotérmicamente, produciendo un volumen considerable de gases a altas temperaturas y presiones, en unas velocidades altísimas (Cook,1958). Esta violenta liberación de energía es la fuente de todos los fenómenos observados en una voladura, desde del grado de la fragmentación del material hasta los niveles de vibraciones observados a una determinada distancia de la detonación.

El uso racional de las formas de manifestación de esta energía – energía de choque y de los gases – es lo que se persigue al dimensionar un trabajo de excavación, en el cual se busca aprovechar las facetas que cada una de ellas ofrecen en razón de un objetivo. Sin embargo, para tal realización, se utilizan los llamados explosivos industriales, que son en su gran mayoría mezclas explosivas, compuestas de sustancias combustibles y otras oxidantes, susceptibles, pues, a reaccionar entre sí (Sanchidrián & Muñiz, 2000).

Entre los explosivos industriales más comunes se encuentran las dinamitas, ANFOS, emulsiones e hidrogeles, que debido a sus características y/o propiedades inherentes, proporcionan parámetros fisicoquímicos característicos que definen la forma y el grado de su interacción con el medio rocoso, o sea, el medio que le confinan durante su detonación. Por lo tanto, las propiedades de los explosivos son extremamente importantes durante el proceso de selección de los productos más idóneos para un determinado proyecto.

Entre otras propiedades, las más importantes son: (i) energía desarrollada; (ii) velocidad de detonación; (iii) densidad; (vi) presión de detonación; (v) resistencia al agua y (vi) la sensibilidad.

2.1.2.1 Energía Desarrollada

La detonación de las cargas explosivas genera una gama de productos – mayoritariamente gaseosos – a presiones y temperaturas altísimas, que, debido a la feroz velocidad de reacción y consecuente liberación de estos componentes, proporcionan, aunque la energía no sea algo espectacular, una potencia disponible formidable (Sanchidrián & Muñiz, 2000).

La forma de evaluar y cuantificar esta energía es una convención, una vez que las reacciones no tienen lugar ni a volumen ni a presión constante (Sanchidrián & Muñiz, 2000). No obstante, la medida más usual es la del calor de explosión, que es el calor de la reacción de descomposición del explosivo medida a volumen constante. Por lo tanto, la energía absoluta de un explosivo es la cantidad de energía liberada por una cierta cantidad de masa o volumen, siendo expresa en AWS o ABS, que interrelacionan por

$$ABS = \rho_e AWS \tag{2.2}$$

donde ABS es la energía absoluta en volumen (kcal/m^3); AWS es la energía absoluta en masa (kcal/kg); y ρ_e es la densidad del explosivo (kg/m^3).

Por otro lado, una forma muy usual de medir la energía es compararla con la de un explosivo patrón, por ejemplo, el ANFO, en porcentaje. Este tipo de comparación se realiza en términos de Potencia Relativa en Peso (RWS - *Relative Weight Strengh*) y Potencia Relativa en Volumen (RBS - *Relative Weight Strengh*), pudiendo ser expresada por

$$RWS = \frac{AWS}{AWS_{ANFO}} \qquad RBS = \frac{ABS}{ABS_{ANFO}} \tag{2.3}$$

Asimismo, una gran parcela de esta energía se pierde sin al menos realizar trabajo útil. A lo que algunas veces, fabricantes de explosivos realizan esta comparación en función de las energías obtenidas en cálculos termodinámicos de reacción parcial, con la intención de acercase a la energía efectiva que realiza trabajo en una voladura.

2.1.2.2 Densidad

La densidad es un parámetro fundamental en el cálculo de las cargas explosivas; no solo para la determinación de la masa requerida por barreno sino también para conocer la concentración de energía por masa a lo largo de la columna del explosivo.

Los explosivos industriales presentan unas densidades que varían entre 0.6 a 1.7 g/cm^3, aunque nuevas tecnologías de explosivos de baja densidad, como 0.4 g/cm^3, ya estén en aplicación en algunas operaciones mineras.

La densidad es directamente proporcional a la presión de detonación del explosivo, poniéndola así, como una característica que se vincula al poder rompedor del producto. En voladuras subacuáticas en particular, altas densidades son especialmente importantes por garantizar que el producto no flote durante la carga de los barrenos. Además, como la impedancia del medio explosivo depende de la densidad, este parámetro indica, juntamente con la velocidad de detonación, el grado de energía que puede ser transmitida al medio rocoso.

Explosivos a granel, principalmente aquellos que son sensibilizados por gasificación química o mecánica, permiten una distribución de densidades a lo largo de la columna del explosivo debido a la compresibilidad de la masa, promoviendo una buena concentración de energía en el fondo del barreno.

2.1.2.3 Velocidad de detonación VOD

Es la velocidad por el cual la reacción termoquímica de la detonación se propaga a través de la columna del explosivo. En otras palabras, es la tasa con que el explosivo libera energía al medio circundante.

Por lo general, los explosivos, en cuanto a la velocidad de detonación, pueden ser clasificados en dos grupos: (i) los de baja velocidad de detonación y (ii) los de alta velocidad de detonación. La velocidad de detonación está directamente asociada a la tasa de energía liberada en el tiempo, o sea, la potencia. Los explosivos de baja velocidad de detonación liberan energía en forma de pulsos compresivos más lentamente, concentrando la mayor parte de la energía en formas de la presión de los gases. Por otro lado, los explosivos de alta velocidad de detonación liberan energía en forma de pulsos compresivos en una tasa altísima, propiciando una mayor capacidad de fragmentar el macizo rocoso.

La velocidad de detonación es una propiedad directamente proporcional al diámetro del explosivo, densidad y confinamiento. Sin embargo, la energía de activación del explosivo puede afectar el régimen de detonación, generando una baja velocidad de detonación, cuando aquella es insuficiente. Por otro lado, al sufrir los efectos del envejecimiento, el explosivo también puede verse disminuido su velocidad de detonación.

2.1.2.4 Presión de Detonación

La presión de detonación PD de un explosivo – proporcional a la densidad y al cuadrado de la VOD – se refiere a la presión de detonación en la superficie "Chapmam-Jouguet", chamada de zona primaria de la frente de detonación, que es responsable por el poder que el explosivo dispone para fragmentar la roca. En una detonación ideal, tenemos que la presión de detonación es

$$PD = \frac{\rho_e VOD^2}{4} \tag{2.4}$$

donde PD es la presión de detonación; ρ_e es la densidad del explosivo (kg/m^3) y VOD es la velocidad de detonación (m/s).

El criterio para que ocurra una detonación ideal CJ requiere que exista una solución estable, o punto Chapmam-Jouguet. Además, según Nie et al. (1999), se requiere que (i) el flujo sea unidimensional; (ii) a la frente del plan de detonación, haya un salto descontinuo de un choque por la reacción química consumada completa; y (iii) que este salto de discontinuidades sea constante, independiente del tempo.

No obstante, autores como Sanchidrián & Muñoz (2000) y López (2003) afirman que el estado CJ es el estado de detonación más probable de un explosivo y añade que los explosivos que presentan un régimen de detonación próximo al ideal presentan una velocidad de detonación particular, que concuerda con la que se obtienen a través de los cálculos teóricos bajo las condiciones de estado CJ.

Por otro lado, la gran mayoría de los explosivos comerciales presentan o desarrollan un régimen o comportamiento no ideal de detonación, de modo que la velocidad de detonación observada en campo se encuentra por debajo de la velocidad teórica de detonación en la superficie C-J (López, 2003). En este sentido, muchos investigadores han propuesto expresiones capaces de fornecer valores más realistas para la presión de detonación. Johannson & Persson (1970) ha presentado la siguiente expresión basado en resultados experimentales prácticos

$$PD = 2.1(0.36 + \rho_e)VOD^2 \quad (2.5)$$

Así mismo, la presión de detonación puede ser estimada con la siguiente ecuación

$$PD = 432 \times 10^{-6} \frac{\rho_e VOD^2}{(1 + 0.8\rho_e)} \quad (2.6)$$

donde *PD* es dado en MPa.

2.1.2.5 Resistencia al Agua

En voladuras subacuáticas, es crucial que el explosivo presente una alta resistencia al agua, en lo que se requiere a mantenerse estable fisicoquímicamente sin perder sus características tales como sensibilidad y propagación bajo una prolongada exposición a este ambiente. Por lo tanto, explosivos como la dinamita, las emulsiones y los hidrogeles son bastante resistentes al paso que el ANFO presenta una muy baja resistencia al agua (o ninguna).

2.1.2.6 Sensibilidad

La sensibilidad de un explosivo indica la cantidad mínima de energía o agentes energéticos necesarios para iniciar la reacción de descomposición del explosivo. Dicha energía es llamada de energía de activación, que pueden variar desde fuentes de calor hasta otros explosivos más sensibles, usados como iniciadores, y es una característica no solo de la sustancia explosiva en sí, pero también de las condiciones en que se encuentra el elemento (Rolim, 2006).

Normalmente, los agentes explosivos requieren una gran cantidad de energía de activación – normalmente multiplicadores de pentolita o boosters, incluso cartuchos cebo – para iniciar y mantener la reacción de descomposición del explosivo. Cartuchos explosivos tipo gelatinosos, como la dinamita, requiere solamente un detonador para iniciarse. La baja sensibilidad de los agentes explosivos es una ventaja en cuanto a la seguridad, una vez que el manejo y almacenamiento son más seguros cuando comparados con productos muy sensibles.

Sin embargo, los explosivos de formato cilíndrico presentan diámetros en el cual la onda de choque de la detonación no se propaga o, si hay propagación, se pasa a una velocidad de detonación muy baja. Este es conocido como diámetro crítico. Los factores que le pueden influenciar son el tamaño de las partículas, la reactividad de los componentes, la densidad y su grado de confinamiento.

2.1.3 Secuencia de Iniciación

La secuencia de iniciación aplicada a una la voladura es imprescindible para el control de los resultados deseados, sean estos en términos de fragmentación, desplazamiento del material o los niveles de las vibraciones.

Los sistemas de iniciación pueden materializarse a través de sistemas eléctricos, no-eléctricos y electrónicos. De forma general, el sistema de iniciación indicado para voladuras subacuáticos es el no-eléctrico; los eléctricos no son recomendados y los electrónicos – aunque ya tengan sido utilizados en algunos proyectos –, siguen presentando sensibilidades cuando expuestos a situaciones extremas de agua.

Los sistemas no-eléctricos son muy versátiles y fáciles de manejar, a lo que ofrecen una mayor rapidez en la aplicación aliada a una combinación de tiempos casi ilimitadas. Los detonadores son compuestos por una cápsula de aluminio o cobre, que contiene en la punta del casquillo de metal una carga base de pentrita, que es la responsable de iniciar el explosivo o el multiplicador; además, contiene una carga primaria de nitruro de plumo, un elemento cilíndrico metálico portador de la pasta de retardo, un sistema amortiguador de la onda de detonación y, finalmente, un tapón de goma semiconductora que sirve como elemento de engarce al tubo de choque.

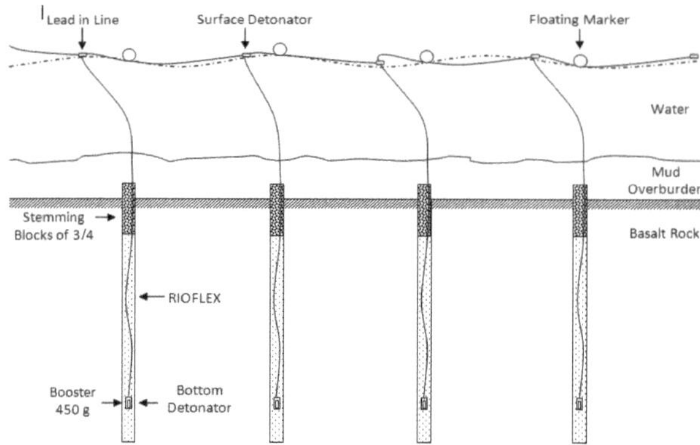

Figura 2.1. Sistema de iniciación no-eléctrica con detonadores duales utilizados en las voladuras subacuáticas (López Cano et al., 2011)

Sin embargo, por tener su temporización controlada por una pasta retardadora pirotécnica, los detonadores no-eléctricos – y también los eléctricos – presentan unas desviaciones considerables con relación a los tiempos nominales. Por otro lado, los detonadores electrónicos presentan unas precisiones impresionantes, permitiendo secuenciar la voladura de forma casi perfecta.

Como las vibraciones suelen ser más severas en las voladuras subacuáticas debido, por un lado, a la combinación de las ondas sísmicas que se propagan por el suelo e hidrodinámicas que se propagan por el agua – normalmente acompañada por componentes energéticas de bajas frecuencias –, y por otro, por la presencia de estructuras sensibles cercadas a la detonación como muelles, estructuras portuarias, barcos, entre otros, el control de los tiempos de micro-retardos aplicados se torna fundamental para controlar la carga máxima instantánea o por retardo. Visando mantener las cargas máximas en los menores niveles posibles, se investigan combinaciones de tiempos que garanticen que los barrenos sean detonados en unos intervalos de no mínimo 8ms.

En las voladuras subacuáticas que se presentarán durante el presente trabajo, se han utilizado detonadores no-eléctricos del tipo dual, que reúne en un único elemento el detonador de fondo y el retardo de superficie. Aunque la combinación de tiempos puede ser variada, se han aplicados tiempos duales de 42ms-500ms, en los tiempos de superficie y fondo, respectivamente. La motivación de tener unos tiempos largos en el fondo del barreno, es la de permitir la energización de la mayor cantidad de barrenos posible antes que el primero barreno finalmente detone y empiece a mover la roca. Entre líneas o filas de barrenos, se han utilizado conectores de superficie con 25ms. Este tipo de secuencia permite detonar hasta cinco filas con infinitos barrenos sin que más de dos barrenos se solapen dentro de una ventana de 8ms.

3
EXCITACIONES SÍSMICAS GENERADAS POR VOLADURAS

La energía liberada por la detonación de una carga explosiva es convertida, por medio de una rápida reacción termoquímica, en calor y trabajo que luego se hace repercutir en el medio al su alrededor a través de un suceso de eventos energéticos – que caracterizan los resultados de una voladura. Una de estas manifestaciones, entre otras como fragmentación, desplazamiento, ruido y calor, toma lugar en forma de ondas de choque, que rápidamente se atenúan hasta tomar la forma de ondas sísmicas o elásticas que se desplazan radialmente a partir del punto de detonación.

La geología y características geomecánicas del medio donde estas ondas se propagan tienen una grande influencia en cómo estos efectos se materializan en la superficie. Además, en puntos cercanos a las voladuras, las características de las vibraciones se ven afectadas por factores de diseño y geometría de la voladura al paso que, en largas distancias, por su vez, los factores de diseño son menos críticos y el medio donde se propagan – sean estas roca o suelo – dominan las características de las ondas.

Esta manifestación, en algunas circunstancias, puede ocasionar daños a estructuras cercanas y otras molestias; además, es causa permanente de conflictos con los habitantes que viven en la zona vecina a estas operaciones (López Jimeno, et al., 1995). Así que, en los días actuales, es inconcebible la realización de grandes proyectos de ingeniería – donde hay zonas urbanas y/o estructuras sensibles presentes – sin la realización de trabajos de caracterización de las leyes de atenuación del terreno y un posterior control de los niveles de vibraciones obtenidas de las voladuras por un adecuado dimensionamiento de las cargas y sistema de iniciación.

Las características de las ondas sísmicas generadas por una voladura pueden ser extremamente complejas. Estas incorporan varios tipos de ondas – como las de cuerpo y superficie – y todas las clases de reflexiones y refracciones que pudrían ocurrir en el interior de los medios a que estas atraviesan. Además, la onda resultante puede tornase mucho más compleja, pues, en la gran mayoría de las voladuras, las cargas explosivas contenidas en los barrenos son detonadas en una secuencia de tiempos de retardo en milisegundos – con una precisión que dependerá del tipo de detonador empleado – entre cada carga de explosivo. Esto hace que haya diferencias bien marcadas en los tiempos de llegadas de las señales, solapando la llegada de los frentes de ondas y, consecuentemente, de los tipos de ondas contenidas en la señal individual de cada uno de los barrenos detonados.

3.1 Características de la onda: Una aproximación sinusoidal

En la literatura técnica relacionada a las vibraciones generadas por voladuras, es común encontrar como aproximación a estos fenómenos sísmicos, una onda sinusoidal que varía tanto con el tiempo como con la distancia. Esta aproximación se puede aplicar a todos los tipos de ondas presentes en las vibraciones típicas de una voladura. Bollinger (1980) y Dowding (1985) discurren de forma similar sobre el desarrollo comúnmente presentando en estos textos.

La ecuación diferencial de una onda unidimensional tiene el siguiente aspecto

$$C^2 \frac{\partial^2 u}{\partial x^2} - \frac{\partial^2 u}{\partial t^2} = 0 \tag{3.1}$$

donde C representa la velocidad de propagación del medio. La solución general para dicha ecuación viene dada por

$$u(x,t) = f_1(Ct - x) + f_2(Ct + x) \tag{3.2}$$

donde f_1 y f_2 pueden tomar la forma de cualquier función que satisface la ecuación de la onda (3.2).

Cada una de estas funciones, f_1 y f_2, son soluciones individuales de la ecuación de onda, y como el comportamiento constitutivo del sistema es linear, cualquier combinación linear de estas funciones también satisface la ecuación que gobierna el fenómeno. Así que, para una onda armónica, luego, tenemos

$$u(x,t) = A\sin(\omega t - Kx) + B\sin(\omega t + Kx) \tag{3.3}$$

En la ecuación (3.3), el primer y segundo término describen ondas armónicas propagándose en el sentido positivo y negativo en el eje x, respectivamente.

Dowding (1985) sugiere que el mejor entendimiento de la aproximación sinusoidal para las vibraciones típicas generadas por las voladuras se da empezando con una solución de una onda armónica

$$u(x,t) = U\sin(\omega t + Kx) \tag{3.4}$$

donde U es el desplazamiento máximo, K es una constante conocida como número de onda, ω es la frecuencia circular natural y t es el tiempo.

Al hacer un análisis de la ecuación (3.4), cuando hacemos variar el desplazamiento u a lo largo de la distancia x, manteniendo ωt constante, tenemos que $K = 2\pi/\lambda$, donde λ es la distancia donde la onda se repite, y es llamada de longitud de onda. De forma similar, haciendo la longitud de onda y posición constantes, la variación del desplazamiento con el tiempo solo dependerá de la frecuencia circular natural y del tiempo. Como la onda se repite de forma periódica, el tiempo en que la onda vuelve a repetirse es llamada de periodo T. Estos aspectos vienen representados en la figura 3.1. De esta forma $\omega = 2\pi/T$. Luego, como la frecuencia f es la inversa del periodo, tenemos

$$\omega = 2\pi\left(\frac{1}{T}\right) = 2\pi f \tag{3.5}$$

Como consecuencia de la aproximación sinusoidal, la longitud de onda λ y la velocidad de propagación de la onda C son relacionadas a través del periodo T por la siguiente expresión

$$\lambda = CT = C\left(\frac{1}{f}\right) = \frac{2\pi}{\omega}C \tag{3.6}$$

La relación matemática entre desplazamientos u, velocidades $\dot{u}$, y aceleraciones $\ddot{u}$, es fuertemente simplificada por la aproximación sinusoidal y es obtenida directamente por la diferenciación de la ecuación (3.4) con respecto al tiempo. Luego, tenemos

$$\dot{u}(x,t) = \frac{du}{dt} = U\omega\cos(\omega t + Kx) \tag{3.7}$$

$$\ddot{u}(x,t) = \frac{d^2u}{dt^2} = -U\omega^2\sin(\omega t + Kx) \tag{3.8}$$

Como en la mayoría de las circunstancias estamos solamente interesados en los valores pico máximos, según las expresiones (3.4), (3.7) y (3.8), los desplazamientos, velocidades y aceleraciones pueden ser obtenidas conociendo la frecuencia.

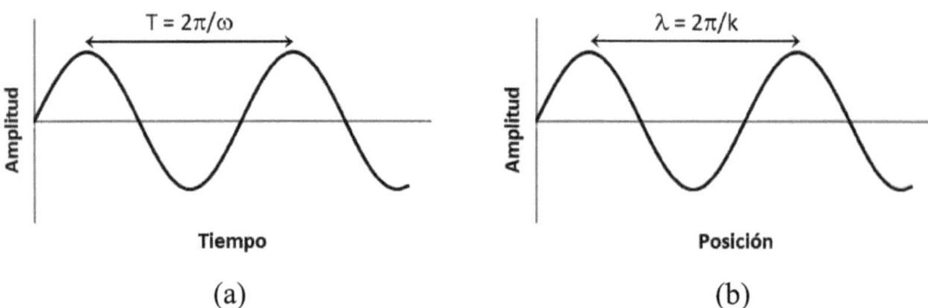

(a) (b)

Figura 3.1. Desplazamiento de partícula en (a) función del tiempo y (b) en función de la posición.

Tomando la ecuación (3.4) para que varíe solamente con el transcurso del tiempo, o sea $x = 0$, la onda armónica resulta

$$u(t) = a\cos\omega_n t + b\sin\omega_n t \tag{3.9}$$

La suma de funciones senos y cosenos también resultan en funciones sinusoides que oscilan a una frecuencia circular ω_n. Sin embargo, su amplitud no es la simple suma de las amplitudes de las funciones senos y cosenos y, además, sus picos no ocurren en el mismo instante de tiempo de dichas funciones.

Desde que $\cos\theta = \sin(\theta + \pi/2)$, el vector de longitud a tiene que estar 90º a frente del vector de longitud b. Los componentes verticales de los vectores a y b son $a\cos\omega_n t$ y $b\sin\omega_n t$, respectivamente. De este modo, el valor total de $u(t)$ es dada por la suma de aquellas componentes verticales, o sea $a\cos\omega_n t + b\sin\omega_n t$. El movimiento, por lo tanto, puede ser expresado de forma distinta cuando consideramos el vector resultante de a y b. Luego, la longitud resultante será dada por $U = (a^2 + b^2)^{1/2}$ y conducirá b por un ángulo $\emptyset = \tan^{-1}(a/b)$. Así que la componente vertical de la resultante será

$$u(t) = U\sin(\omega_n t + \emptyset) \tag{3.10}$$

3.1.1 Energía de Ondas

El enfoque energético en los problemas de ingeniería es siempre importante. Los fenómenos que normalmente estudiamos adquieren un mayor interés cuando sujetas a perturbaciones energéticas que conduce a comportamientos específicos que buscamos comprender. Por otro lado, en ciertas ocasiones, no estamos interesados en estudiar o conocer la energía total del problema, sino la energía en la zona vecina al punto que estamos observando (Telford et al., 1990). Si este es el enfoque, la densidad de Energía, que es la energía por unidad de volumen en la cercanía de un punto, es ideal para su representación.

Al analizar la ecuación (3.4), es evidente que la amplitud del desplazamiento u varía desde –U hasta +U. Cada partícula realiza un movimiento transitorio sobre una posición inicial, tal que definimos su *velocidad de la partícula* como

$$\dot{u} = \frac{\partial u}{\partial t} \tag{3.11}$$

y por lo tanto, hay una energía cinética asociada E_K actuando en el sistema, tal que

$$E_K = \frac{1}{2}m\left(\frac{\partial u}{\partial t}\right)^2 \tag{3.12}$$

Luego, se escribimos la ecuación (3.12) en función de volumen del elemento δv, obtenemos

$$E_K = \frac{1}{2}\rho\delta v\left(\frac{\partial u}{\partial t}\right)^2 \tag{3.13}$$

Sin embargo, es de interés conocer la energía por unidad de volumen, o sea, la *densidad de energía*, y, por lo tanto, haciendo algunas manipulaciones matemáticas, llegamos

$$\frac{E_K}{\delta v} = \frac{1}{2}\rho\left[\frac{\partial}{\partial t}(U\sin(\omega_n t + \emptyset))\right]^2 = \frac{1}{2}\rho(\omega_n U)^2\sin^2(\omega_n t + \emptyset) \tag{3.14}$$

Desde la ecuación (3.14), notamos que la variación de la energía cinética alcanza un máximo de $\sin^2(\omega_n t + \emptyset) = 1$, así que se alcanza la energía cinética máxima periódicamente, con un módulo de

$$\frac{E_K}{\delta v} = \frac{1}{2}\rho(\omega_n U)^2 \tag{3.15}$$

El fenómeno ondulatorio también envuelve energía potencial resultante de las deformaciones creadas durante el paso de la onda (Telford et al., 1990). Por otro lado, la conservación de energía se aplica, bajo las mismas condiciones de intensidad ondulatoria, para la propagación de ondas en medios continuos e isotrópicos, implicando que la energía total se mantenga constante; o sea, que la suma de la energía cinética y potencial sea constante. Cuando la partícula oscila entre las amplitudes $-U$ y $+U$, la energía cinética es convertida en energía potencial para que se cumpla la conservación de energía; o sea, cuando el desplazamiento de la partícula es cero, la energía cinética es máxima y la energía potencial es cero, al paso que, cuando la partícula está en su desplazamiento máximo, solo hay presencia de la energía potencial, que es máxima. Esto implica que la energía total se mantiene constante a lo largo del tiempo con el valor de la energía cinética máxima; así pues, la *densidad de energía* para la onda armónica definida por la ecuación (3.4) es

$$E = \frac{1}{2}\rho(\omega_n U)^2 \tag{3.16}$$

No obstante, es de interés conocer el *flujo de energía* que atraviesa el medio estudiado. En el caso de una barra cilíndrica, como la presentada en la figura 3.2, definimos la *intensidad* como la energía transportada por la unidad de área y por unidad de tiempo, y viene dada por

$$I = \frac{1}{2}\rho C(\omega_n U)^2 \tag{3.17}$$

Por lo tanto, la intensidad de la onda es proporcional a la impedancia característica del medio y al cuadrado del producto de la frecuencia angular y amplitud de la onda.

3.2 Vibraciones en el Terreno

La liberación abrupta de energía proveniente de la detonación de una carga explosiva se propaga en el medio lejano a través de ondas sísmicas o elásticas. En la zona elástica de la propagación, pues, se asume que las deformaciones generadas por el paso de las ondas son elásticas, así que sus intensidades pueden ser determinadas sobre la base de las propiedades elásticas de los materiales.

Por otro lado, la forma o el carácter de las vibraciones generadas en la zona elástica se modifican mientras se propagan; (i) en campo cercano, es dominada por factores del diseño de voladura y geometría del banco, particularmente por la carga máxima por retardo, intervalos de tiempos, dirección de la iniciación y parámetros geométricos del diseño como la piedra, espaciamiento, retacado y sobreperforación, etc.; (ii) en campo lejano, es dominada por factores asociados a las características de transmisión del medio y camadas de suelo, perdiendo a la medida que se aleja de la voladura, la influencia del diseño de la voladura (Siskind et al.,

1989).

Estos fenómenos se imparten principalmente en la forma de ondas sísmicas de dos tipos: (i) ondas Internas o de Cuerpo; se consideran "ondas libres", puesto que tienen libertad para propagarse en prácticamente cualquier dirección a través del interior de la Tierra y (ii) Ondas superficiales; se propagan a través de la superficie terrestre, se pueden llamar "ondas limitadas" en el sentido de que están supeditadas a propagarse a través de una superficie o estrato.

3.2.1 Propagación de una onda longitudinal en una barra cilíndrica

La propagación de una onda longitudinal en una barra cilíndrica por la aplicación de un impulso en uno de sus extremos es el caso más sencillo para el estudio de la propagación y consecuente transmisión de la energía elástica. Durante la propagación de la onda elástica a lo largo de la barra, cada partícula ejecuta un movimiento longitudinal transitorio sobre su posición de equilibrio.

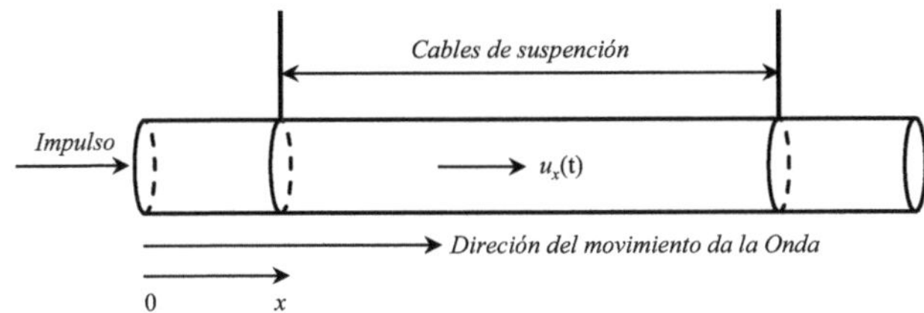

Figura 3.2. Definición para el análisis de una onda longitudinal en una barra (Brady & Brown, 2005).

Se tomamos una sección infinitesimal de una barra sujeta a una carga axial y teniendo en cuenta los efectos inerciales asociados con la inducción del movimiento transitorio de la partícula, tenemos como ecuación de campo la siguiente expresión

$$EA\frac{d^2u}{dx^2} + p = 0 \tag{3.18}$$

donde *E* es Modulo de Young y *A* es el área de la sección de la barra.

Para tener en cuenta el desplazamiento impulsivo del elemento, es necesario introducir una fuerza inercial $p = -m\ddot{u}$ en oposición a lo sentido del movimiento, que sustituyendo en la ecuación (3.18), y escribiendo la masa en función de la densidad ρ y del área de la sección de la barra, obtenemos

$$\frac{E}{\rho}\frac{d^2u}{dx^2} - \frac{d^2u}{dt^2} = 0 \tag{3.19}$$

y definiendo

$$C^2 = \frac{E}{\rho} \tag{3.20}$$

tenemos, finalmente, la ecuación de la onda en una barra sometida a un impulso axial

$$C^2\frac{d^2u}{dx^2}-\frac{d^2u}{dt^2}=0 \tag{3.21}$$

donde C es la velocidad de propagación de las perturbaciones elásticas a lo largo de la barra.

3.2.2 Ondas Elásticas de Cuerpo o Internas

Las ondas internas o de cuerpo pueden viajar a través del interior del cuerpo del material y normalmente son responsables por transmitir los temblores preliminares de una detonación en un determinado punto de observación, pero poseen poco poder destructivo en comparación con las ondas de superficie. Las ondas internas son divididas en dos grupos: ondas primarias (P) y secundarias (S).

Si tratamos de estudiar las ondas en espacios tridimensionales en un caso isótropo y homogéneo lineal, debemos partir de la ecuación de Navier

$$(\lambda+G)grad\ div\ \boldsymbol{u}+G\nabla^2\boldsymbol{u}-\rho\frac{d^2\boldsymbol{u}}{dt^2}=0 \tag{3.22}$$

donde λ y G vienen definidas por

$$\lambda=\frac{vE}{(1+v)(1-2v)} \qquad G=\frac{E}{2(1+v)} \tag{3.23}$$

siendo v el coeficiente de Poisson y E el módulo de Young. Donde el vector desplazamiento $\boldsymbol{u}$ es

$$\boldsymbol{u}=\begin{bmatrix}u(x,y,z)\\ v(x,y,z)\\ w(x,y,z)\end{bmatrix}$$

Si estudiamos el caso donde solo hay desplazamiento longitudinal, o sea, de las ondas P, manteniendo nulo los desplazamientos en los ejes x y z, y hacemos desplazar a lo largo del eje y, tendremos una situación donde solo existe variación de volumen. Así, que

$$\boldsymbol{u}=\begin{bmatrix}0\\ v(y,t)\\ 0\end{bmatrix}$$

Tomando la divergencia del vector desplazamientos $\boldsymbol{u}$ y el subsecuente gradiente de la divergencia de este, obtenemos que

$$div\ \boldsymbol{u}=\frac{\partial v(y)}{\partial y} \qquad grad\ div\ \boldsymbol{u}=\begin{bmatrix}\frac{\partial}{\partial x}\left(\frac{\partial v(y)}{\partial y}\right)\\ \frac{\partial}{\partial y}\left(\frac{\partial v(y)}{\partial y}\right)\\ \frac{\partial}{\partial z}\left(\frac{\partial v(y)}{\partial y}\right)\end{bmatrix}=\begin{bmatrix}0\\ \frac{\partial^2 v(y)}{\partial y^2}\\ 0\end{bmatrix} \tag{3.24}$$

Por otro lado, tenemos que

$$\nabla^2 \boldsymbol{u} = \begin{bmatrix} \nabla^2 u \\ \nabla^2 v \\ \nabla^2 w \end{bmatrix} = \begin{bmatrix} 0 \\ \dfrac{\partial^2 v(y)}{\partial y^2} \\ 0 \end{bmatrix} \qquad \frac{\partial^2 \boldsymbol{u}}{\partial t^2} = \begin{bmatrix} 0 \\ \dfrac{\partial^2 v(y)}{\partial t^2} \\ 0 \end{bmatrix} \tag{3.25}$$

Luego, se sustituimos las expresiones (3.25) y (3.24) en la ecuación de campo definida por la ecuación (3.22), tendremos una ecuación

$$(\lambda + G)\frac{\partial^2 v(y)}{\partial y^2} + G\frac{\partial^2 v(y)}{\partial y^2} - \rho\frac{\partial^2 v(y)}{\partial t^2} = 0 \tag{3.26}$$

Con un poco de manipulación, es posible escribir la ecuación (3.26), finalmente, de la forma

$$\left(\frac{\lambda + 2G}{\rho}\right)\frac{\partial^2 v}{\partial y^2} - \frac{\partial^2 v}{\partial t^2} = 0 \tag{3.27}$$

De forma similar al caso de las ondas elásticas en una barra sometida a un impulso axial, podemos definir la velocidad de la onda longitudinal en un espacio tridimensional como

$$C_p{}^2 = \frac{\lambda + 2G}{\rho}$$

que es la velocidad de las ondas P, también llamada de primarias, longitudinales, compresionales o dilatacionales. Producen un movimiento de partículas en la misma dirección de la propagación, alternando compresión y dilatación del medio.

Cuando estudiamos el caso de las ondas S, donde solo hay distorsiones relativas o desplazamiento entre planos vecinos, tenemos que el vector desplazamientos es

$$\boldsymbol{u} = \begin{bmatrix} 0 \\ 0 \\ w(y,t) \end{bmatrix}$$

donde los operadores son

$$div\, \boldsymbol{u} = \frac{\partial w(z)}{\partial y} = 0 \qquad grad\, div\, \boldsymbol{u} = \begin{bmatrix} \dfrac{\partial}{\partial x}\left(\dfrac{\partial w(z)}{\partial y}\right) \\ \dfrac{\partial}{\partial y}\left(\dfrac{\partial w(z)}{\partial y}\right) \\ \dfrac{\partial}{\partial z}\left(\dfrac{\partial w(z)}{\partial y}\right) \end{bmatrix} = \begin{bmatrix} 0 \\ 0 \\ 0 \end{bmatrix} \tag{3.28}$$

Por otro lado, tenemos que

$$\nabla^2 \boldsymbol{u} = \begin{bmatrix} \nabla^2 u \\ \nabla^2 v \\ \nabla^2 w \end{bmatrix} = \begin{bmatrix} 0 \\ 0 \\ \dfrac{\partial^2 w(z)}{\partial y^2} \end{bmatrix} \qquad \frac{\partial^2 \boldsymbol{u}}{\partial t^2} = \begin{bmatrix} 0 \\ 0 \\ \dfrac{\partial^2 w(z)}{\partial t^2} \end{bmatrix} \tag{3.29}$$

Luego, se sustituimos las expresiones (3.28) y (3.29) en la ecuación de campo definida por la ecuación (3.22), tendremos una ecuación

$$(\lambda + G)0 + G\frac{\partial^2 w(z)}{\partial y^2} - \rho\frac{\partial^2 w(z)}{\partial t^2} = 0 \quad (3.30)$$

Es inmediato escribir la ecuación (3.30) en la forma

$$\frac{G}{\rho}\frac{\partial^2 w}{\partial z^2} - \frac{\partial^2 w}{\partial t^2} = 0 \quad (3.31)$$

Así que definimos la velocidad de las ondas secundarias en un espacio tridimensional como

$$C_s{}^2 = \frac{G}{\rho}$$

Las ondas S, también llamadas de ondas secundarias, transversales o de corte; producen un movimiento de partículas en sentido perpendicular a la dirección de propagación.

Por lo general las ondas P son las primeras que serán registradas en un sismograma; algún tiempo más tarde llegan las ondas S. Las ondas P pueden propagarse a través de medios sólidos y líquidos, en cambio, las ondas S se propagan únicamente a través de medios sólidos debido a que los líquidos no presentan rigidez al corte.

Además de la diferencia de velocidad, estas ondas tienen diferentes amplitudes. Por lo general las ondas S tienen una mayor amplitud que las ondas P, pero las ondas que causan la mayor destrucción en un terremoto son las ondas superficiales, que tienen amplitudes mucho más grandes que las ondas internas.

Las ondas S son normalmente divididas o descompuestas en dos componentes perpendiculares, que son las ondas SH y SV. Las ondas SH son ondas S que presentan su velocidad transitoria de partícula en el plano horizontal al paso que las ondas SV son ondas S que presentan su velocidad transitoria de partícula en el plano vertical. De esta forma, una onda S con una velocidad transitoria de partícula arbitraria puede ser representada como vector resultante de sus componentes SH y SV (Kramer, 1996).

3.2.3 Ondas en Cuerpos Semi-infinitos u Ondas Superficiales

Las ondas que se propagan en cuerpos semi-infinitos o superficiales elásticos son de gran importancia en la ingeniería sísmica no solo por presentaren atenuaciones con la distancia más lentas que las ondas de cuerpo o internas, como también por materializarse en zonas de la superficie de la tierra o muy cercanas a estas. La superficie de la tierra, en este caso, es idealizada como un cuerpo semi-infinito con una superficie plana, donde el efecto de la curvatura de la tierra es despreciado (Kramer, 1996).

Varios tipos de ondas pueden existir en superficies elásticas, sin embargo, de entre todas las ondas superficiales, dos son de especial interés: ondas Rayleigh y ondas Love. La primera necesita de un semi-espacio elástico y homogéneo y el segundo, requiere una camada superficial de ondas S de baja velocidad (Kramer, 1996). Estas ondas se propagan por la superficie de discontinuidad de la interfaz de la superficie terrestre. Estas son las mayores responsables por los daños producidos por los sismos en las construcciones.

3.2.3.1 Ondas Rayleigh

Diferentemente de las ondas P y ondas S, que presentan movimiento de partículas en una dirección determinada, las *Ondas Rayleigh* presentan movimiento de partícula en dos dimensiones, o sea, el desplazamiento de las partículas es descrito en un plano. Para desarrollar las ecuaciones que modelan las ondas Rayleigh, en un semiespacio elástico, isotrópico y homogéneo, partimos de la ecuación de Navier

$$(\lambda + G) grad\ div\ \boldsymbol{u} + G\nabla^2 \boldsymbol{u} - \rho \frac{d^2 \boldsymbol{u}}{dt^2} = 0 \tag{3.32}$$

teniendo como vector desplazamiento $\boldsymbol{u}$

$$\boldsymbol{u} = \begin{bmatrix} u(x,y,z) \\ v(x,y,z) \\ w(x,y,z) \end{bmatrix}$$

Consideramos, pues, que la onda se propaga en la dirección positiva del eje- x, con desplazamiento de partícula $v = 0$ en la dirección del eje- y. Por lo tanto, el plano definido por los desplazamientos es el $x - z$. Así pues, en su concepto matemático, las ondas Rayleigh pueden ser concebidas como una combinación entre las ondas P y S.

$$\boldsymbol{u} = \begin{bmatrix} u(x,t) \\ 0 \\ w(z,t) \end{bmatrix} \tag{3.33}$$

Definiendo dos funciones potenciales $\boldsymbol{\Phi}$ y $\boldsymbol{\Psi}$, asociadas con la dilatación y rotación, respectivamente, podríamos describir los desplazamientos en las direcciones x y z, como se siegue

$$u = \frac{\partial \boldsymbol{\Phi}}{\partial x} + \frac{\partial \boldsymbol{\Psi}}{\partial z} \tag{3.34}$$

$$w = \frac{\partial \boldsymbol{\Phi}}{\partial z} - \frac{\partial \boldsymbol{\Psi}}{\partial x} \tag{3.35}$$

Tomando la divergencia del vector desplazamientos $\boldsymbol{u}$ y el subsecuente gradiente de la divergencia de este, obtenemos que

$$div\ \boldsymbol{u} = \frac{\partial u(x)}{\partial x} + \frac{\partial w(z)}{\partial z} \qquad grad\ div\ \boldsymbol{u} = \begin{bmatrix} \frac{\partial}{\partial x}\left(\frac{\partial u(x)}{\partial x} + \frac{\partial w(z)}{\partial z}\right) \\ \frac{\partial}{\partial y}\left(\frac{\partial u(x)}{\partial x} + \frac{\partial w(z)}{\partial z}\right) \\ \frac{\partial}{\partial z}\left(\frac{\partial u(x)}{\partial x} + \frac{\partial w(z)}{\partial z}\right) \end{bmatrix} \tag{3.36}$$

Por otro lado, tenemos

$$\nabla^2 \boldsymbol{u} = \begin{bmatrix} \nabla^2 u \\ \nabla^2 v \\ \nabla^2 w \end{bmatrix} = \begin{bmatrix} \dfrac{\partial^2 u(x)}{\partial x^2} + \dfrac{\partial^2 u(x)}{\partial z^2} \\ 0 \\ \dfrac{\partial^2 w(z)}{\partial x^2} + \dfrac{\partial^2 w(z)}{\partial z^2} \end{bmatrix} \qquad \frac{\partial^2 \boldsymbol{u}}{\partial t^2} = \begin{bmatrix} \dfrac{\partial^2 u(x)}{\partial t^2} \\ 0 \\ \dfrac{\partial^2 w(z)}{\partial t^2} \end{bmatrix} \tag{3.37}$$

Luego, se substituimos las expresiones (3.36) y (3.37) en la ecuación de campo definida por la ecuación (3.32), tendremos la siguiente ecuación en forma matricial

$$(\lambda + G) \begin{bmatrix} \dfrac{\partial}{\partial x}\left(\dfrac{\partial u(x)}{\partial x} + \dfrac{\partial w(z)}{\partial z}\right) \\ 0 \\ \dfrac{\partial}{\partial z}\left(\dfrac{\partial u(x)}{\partial x} + \dfrac{\partial w(z)}{\partial z}\right) \end{bmatrix} + G \begin{bmatrix} \dfrac{\partial^2 u(x)}{\partial x^2} + \dfrac{\partial^2 u(x)}{\partial z^2} \\ 0 \\ \dfrac{\partial^2 w(z)}{\partial x^2} + \dfrac{\partial^2 w(z)}{\partial z^2} \end{bmatrix} - \rho \begin{bmatrix} \dfrac{\partial^2 u(x)}{\partial t^2} \\ 0 \\ \dfrac{\partial^2 w(z)}{\partial t^2} \end{bmatrix} = 0 \tag{3.38}$$

Con un poco de manipulación, es posible escribir la ecuación de la forma matricial como

$$(\lambda + 2G) \begin{bmatrix} \dfrac{\partial^2 u(x)}{\partial x^2} + \dfrac{\partial}{\partial x}\left(\dfrac{\partial w(z)}{\partial z}\right) \\ \dfrac{\partial}{\partial z}\left(\dfrac{\partial u(x)}{\partial x}\right) + \dfrac{\partial^2 w(z)}{\partial z^2} \end{bmatrix} + G \begin{bmatrix} \dfrac{\partial^2 u(x)}{\partial x^2} + \dfrac{\partial^2 u(x)}{\partial z^2} \\ \dfrac{\partial^2 w(z)}{\partial x^2} + \dfrac{\partial^2 w(z)}{\partial z^2} \end{bmatrix} = \rho \begin{bmatrix} \dfrac{\partial^2 u(x)}{\partial t^2} \\ \dfrac{\partial^2 w(z)}{\partial t^2} \end{bmatrix} \tag{3.39}$$

Desarrollando las derivadas parciales contenidas en la ecuación (3.39) de los desplazamientos $u(x)$ y $w(z)$

$$\begin{aligned} \frac{\partial^2 u(x)}{\partial x^2} &= \frac{\partial^2}{\partial x^2}\left(\frac{\partial \boldsymbol{\Phi}}{\partial x}\right) + \frac{\partial^2}{\partial x^2}\left(\frac{\partial \boldsymbol{\Psi}}{\partial z}\right) = \frac{\partial}{\partial x}\left(\frac{\partial^2 \boldsymbol{\Phi}}{\partial x^2}\right) + \frac{\partial}{\partial z}\left(\frac{\partial^2 \boldsymbol{\Psi}}{\partial x^2}\right) \\ \frac{\partial^2 u(x)}{\partial z^2} &= \frac{\partial^2}{\partial z^2}\left(\frac{\partial \boldsymbol{\Phi}}{\partial x}\right) + \frac{\partial^2}{\partial z^2}\left(\frac{\partial \boldsymbol{\Psi}}{\partial z}\right) = \frac{\partial}{\partial x}\left(\frac{\partial^2 \boldsymbol{\Phi}}{\partial z^2}\right) + \frac{\partial}{\partial z}\left(\frac{\partial^2 \boldsymbol{\Psi}}{\partial z^2}\right) \\ \frac{\partial}{\partial z}\left(\frac{\partial u(x)}{\partial x}\right) &= \frac{\partial^2}{\partial x \partial z}\left(\frac{\partial \boldsymbol{\Phi}}{\partial x}\right) + \frac{\partial^2}{\partial x \partial z}\left(\frac{\partial \boldsymbol{\Psi}}{\partial z}\right) = \frac{\partial}{\partial z}\left(\frac{\partial^2 \boldsymbol{\Phi}}{\partial x^2}\right) + \frac{\partial}{\partial x}\left(\frac{\partial^2 \boldsymbol{\Psi}}{\partial z^2}\right) \end{aligned} \tag{3.40}$$

$$\begin{aligned} \frac{\partial^2 w(z)}{\partial z^2} &= \frac{\partial^2}{\partial z^2}\left(\frac{\partial \boldsymbol{\Phi}}{\partial z}\right) - \frac{\partial^2}{\partial z^2}\left(\frac{\partial \boldsymbol{\Psi}}{\partial x}\right) = \frac{\partial}{\partial z}\left(\frac{\partial^2 \boldsymbol{\Phi}}{\partial z^2}\right) - \frac{\partial}{\partial x}\left(\frac{\partial^2 \boldsymbol{\Psi}}{\partial z^2}\right) \\ \frac{\partial^2 w(z)}{\partial x^2} &= \frac{\partial^2}{\partial x^2}\left(\frac{\partial \boldsymbol{\Phi}}{\partial z}\right) - \frac{\partial^2}{\partial x^2}\left(\frac{\partial \boldsymbol{\Psi}}{\partial x}\right) = \frac{\partial}{\partial z}\left(\frac{\partial^2 \boldsymbol{\Phi}}{\partial x^2}\right) - \frac{\partial}{\partial x}\left(\frac{\partial^2 \boldsymbol{\Psi}}{\partial x^2}\right) \\ \frac{\partial}{\partial x}\left(\frac{\partial w(z)}{\partial z}\right) &= \frac{\partial^2}{\partial x \partial z}\left(\frac{\partial \boldsymbol{\Phi}}{\partial z}\right) - \frac{\partial^2}{\partial x \partial z}\left(\frac{\partial \boldsymbol{\Psi}}{\partial x}\right) = \frac{\partial}{\partial x}\left(\frac{\partial^2 \boldsymbol{\Phi}}{\partial z^2}\right) - \frac{\partial}{\partial z}\left(\frac{\partial^2 \boldsymbol{\Psi}}{\partial x^2}\right) \end{aligned} \tag{3.41}$$

$$\frac{\partial^2 u(x)}{\partial t^2} = \frac{\partial^2}{\partial t^2}\left(\frac{\partial \mathbf{\Phi}}{\partial x}\right) + \frac{\partial^2}{\partial t^2}\left(\frac{\partial \mathbf{\Psi}}{\partial z}\right) = \frac{\partial}{\partial x}\left(\frac{\partial^2 \mathbf{\Phi}}{\partial t^2}\right) + \frac{\partial}{\partial z}\left(\frac{\partial^2 \mathbf{\Psi}}{\partial t^2}\right)$$
$$\frac{\partial^2 w(z)}{\partial t^2} = \frac{\partial^2}{\partial t^2}\left(\frac{\partial \mathbf{\Phi}}{\partial z}\right) - \frac{\partial^2}{\partial t^2}\left(\frac{\partial \mathbf{\Psi}}{\partial x}\right) = \frac{\partial}{\partial z}\left(\frac{\partial^2 \mathbf{\Phi}}{\partial t^2}\right) - \frac{\partial}{\partial x}\left(\frac{\partial^2 \mathbf{\Psi}}{\partial t^2}\right) \tag{3.42}$$

desacoplando la primera ecuación de la formulación matricial (3.39)

$$(\lambda + G)\left[\frac{\partial^2 u(x)}{\partial x^2} + \frac{\partial}{\partial x}\left(\frac{\partial w(z)}{\partial z}\right)\right] + G\left[\frac{\partial^2 u(x)}{\partial x^2} + \frac{\partial^2 u(x)}{\partial z^2}\right] = \rho \frac{\partial^2 u(x)}{\partial t^2} \tag{3.43}$$

y substituyendo las ecuaciones (3.40), (3.41) y (3.42) en la ecuación (3.43), llegamos

$$(\lambda + G)\frac{\partial}{\partial x}\left(\frac{\partial^2 \mathbf{\Phi}}{\partial x^2} + \frac{\partial^2 \mathbf{\Phi}}{\partial z^2}\right) + G\left[\frac{\partial}{\partial x}\left(\frac{\partial^2 \mathbf{\Phi}}{\partial x^2} + \frac{\partial^2 \mathbf{\Phi}}{\partial z^2}\right) + \frac{\partial}{\partial z}\left(\frac{\partial^2 \mathbf{\Psi}}{\partial x^2} + \frac{\partial^2 \mathbf{\Psi}}{\partial z^2}\right)\right]$$
$$= \rho \frac{\partial}{\partial x}\left(\frac{\partial^2 \mathbf{\Phi}}{\partial t^2}\right) + \rho \frac{\partial}{\partial z}\left(\frac{\partial^2 \mathbf{\Psi}}{\partial t^2}\right) \tag{3.44}$$

donde

$$\nabla^2 \mathbf{\Phi} = \frac{\partial^2 \mathbf{\Phi}}{\partial x^2} + \frac{\partial^2 \mathbf{\Phi}}{\partial z^2} \qquad \nabla^2 \mathbf{\Psi} = \frac{\partial^2 \mathbf{\Psi}}{\partial x^2} + \frac{\partial^2 \mathbf{\Psi}}{\partial z^2} \tag{3.45}$$

Así que la ecuación (3.44) puede ser escrita como

$$(\lambda + G)\frac{\partial}{\partial x}\nabla^2 \mathbf{\Phi} + G\left[\frac{\partial}{\partial x}\nabla^2 \mathbf{\Phi} + \frac{\partial}{\partial z}\nabla^2 \mathbf{\Psi}\right] = \rho\left[\frac{\partial}{\partial x}\left(\frac{\partial^2 \mathbf{\Phi}}{\partial t^2}\right) + \frac{\partial}{\partial z}\left(\frac{\partial^2 \mathbf{\Psi}}{\partial t^2}\right)\right] \tag{3.46}$$

Por lo tanto, la primera ecuación es

$$(\lambda + 2G)\frac{\partial}{\partial x}\nabla^2 \mathbf{\Phi} + G\frac{\partial}{\partial z}\nabla^2 \mathbf{\Psi} = \rho \frac{\partial}{\partial x}\left(\frac{\partial^2 \mathbf{\Phi}}{\partial t^2}\right) + \rho \frac{\partial}{\partial z}\left(\frac{\partial^2 \mathbf{\Psi}}{\partial t^2}\right) \tag{3.47}$$

La segunda ecuación es calculada de forma similar, y es

$$(\lambda + 2G)\frac{\partial}{\partial z}\nabla^2 \mathbf{\Phi} - G\frac{\partial}{\partial x}\nabla^2 \mathbf{\Psi} = \rho \frac{\partial}{\partial z}\left(\frac{\partial^2 \mathbf{\Phi}}{\partial t^2}\right) - \rho \frac{\partial}{\partial x}\left(\frac{\partial^2 \mathbf{\Psi}}{\partial t^2}\right) \tag{3.48}$$

Resolviendo las ecuaciones (3.47) y (3.48) para $\partial^2 \mathbf{\Phi}/\partial t^2$ y $\partial^2 \mathbf{\Psi}/\partial t^2$, llegamos a las siguientes expresiones

$$\frac{\partial^2 \mathbf{\Phi}}{\partial t^2} = \frac{\lambda + 2G}{\rho}\nabla^2 \mathbf{\Phi} = C_P{}^2 \nabla^2 \mathbf{\Phi} \tag{3.49}$$

$$\frac{\partial^2 \mathbf{\Psi}}{\partial t^2} = \frac{G}{\rho}\nabla^2 \mathbf{\Psi} = C_S{}^2 \nabla^2 \mathbf{\Psi} \tag{3.50}$$

Luego, comprobamos que las ondas Rayleigh es una combinación de ondas P y S.

Las ecuaciones definidas (3.49) y (3.50) serían idénticas a de las ondas de Cuerpo si no fuera por el facto de que las funciones $\mathbf{\Phi}$ y $\mathbf{\Psi}$ estuvieran definidas de forma en que las amplitudes $F(z)$ y $G(z)$ de las ondas disminuyan con la profundidad z. Considerando que la onda estudiada es armónica con frecuencia angular ω y numero de onda k_R, las funciones potenciales son finalmente definidas como (Kramer, 1996)

$$\mathbf{\Phi} = F(z)e^{i(\omega t - k_R x)} \tag{3.51}$$

$$\mathbf{\Psi} = G(z)e^{i(\omega t - k_R x)} \tag{3.52}$$

Por lo tanto, se combinamos las ecuaciones (3.51) y (3.52) en las ecuaciones (3.49) y (3.50) obtenemos

$$-\frac{\omega^2}{{C_P}^2}F(z) = -{k_R}^2 F(z) + \frac{\partial^2 F(z)}{\partial z^2} \tag{3.53}$$

$$-\frac{\omega^2}{{C_S}^2}G(z) = -{k_R}^2 G(z) + \frac{\partial^2 G(z)}{\partial z^2} \tag{3.54}$$

que, con un poco de manipulación, llegamos a las siguientes ecuaciones diferenciales de segunda orden

$$\frac{\partial^2 F(z)}{\partial z^2} - \left({k_R}^2 - \frac{\omega^2}{{C_P}^2}\right)F(z) = 0 \tag{3.55}$$

$$\frac{\partial^2 G(z)}{\partial z^2} - \left({k_R}^2 - \frac{\omega^2}{{C_S}^2}\right)G(z) = 0 \tag{3.56}$$

Por consiguiente, la solución para estas ecuaciones puede ser escrita como

$$F(z) = A_1 e^{-qz} + B_1 e^{qz} \tag{3.57}$$

$$G(z) = A_2 e^{-sz} + B_2 e^{sz} \tag{3.58}$$

donde

$$s^2 = {k_R}^2 - \frac{\omega^2}{{C_s}^2} \qquad q^2 = {k_R}^2 - \frac{\omega^2}{{C_p}^2} \tag{3.59}$$

Las funciones potenciales, para que hagan sentido, necesitan que B1 y B2 sean cero. Su presencia en la ecuación (3.58) implica que las amplitudes de los desplazamientos se aproximen del infinito cuando incrementamos la profundidad. Así, pues, obtenemos que

$$\mathbf{\Phi} = A_1 e^{-qz + i(\omega t - k_R x)} \tag{3.60}$$

$$\mathbf{\Psi} = A_2 e^{-sz + i(\omega t - k_R x)} \tag{3.61}$$

Aplicando las condiciones de contorno para la existencia de las ondas Rayleigh, la de que no se puede existir tensiones de corte o normales en la superficie libre, y combinando con la definición de la función potencial y sus soluciones, tenemos

$$A_2 = \left[\frac{(\lambda + 2G)q^2 - \lambda {k_R}^2}{2iGk_R s}\right]A_1 \tag{3.62}$$

$$A_2 = -\left[\frac{2iqk_R}{s^2 + {k_R}^2}\right] A_1 \tag{3.63}$$

Con estas ecuaciones, se puede calcular los pares de velocidades y desplazamientos de las ondas Rayleigh. Al combinar las ecuaciones (3.62) y (3.63) con las definiciones de q y s, podemos calcular las velocidades de las ondas Rayleigh relativas a las ondas P o S para cada coeficiente de Poisson

$${K_{Rs}}^6 - 8{K_{Rs}}^4 + (24 - 16\alpha^2){K_{Rs}}^2 + 16(\alpha^2 - 1) = 0 \tag{3.64}$$

donde K_{Rs} es la relación entre la velocidad de la onda Rayleigh y la de Corte

$$K_{Rs} = \frac{C_R}{C_S}$$

Por otro lado, la amplitud de los desplazamientos es obtenido combinando las funciones potenciales **Φ** y **Ψ** con las ecuaciones para u y w, y luego, utilizando la ecuación (3.62), podemos llegar

$$u = A_1\left(\frac{2iqk_R}{s^2 + {k_R}^2}e^{-sz} - ik_R e^{-qz}\right)e^{i(\omega t - k_R x)} \tag{3.65}$$

$$w = A_1\left(\frac{2q{k_R}^2}{s^2 + {k_R}^2}e^{-sz} - qe^{-qz}\right)e^{i(\omega t - k_R x)} \tag{3.66}$$

donde los términos entre los paréntesis describen la variación de las amplitudes de los desplazamientos u y w con la profundidad (Kramer, 1996). Además, los desplazamientos vertical y horizontal están desfasados 90º, que indica que el movimiento de la trayectoria de las ondas Rayleigh en un plano de propagación es elíptico (Del Rey et al., 2003).

3.2.3.2 Ondas Love

En un semi-espacio homogéneo y elástico, solamente ondas de cuerpo y Rayleigh pueden existir. Sin embargo, Love (1927) ha demostrado que si existe una capa de material con bajas velocidades de ondas de cuerpo cubriendo el semi-espacio, un tipo de ondas conocidas como ondas Love pueden se desarrollar (Kramer, 1996). El movimiento de las ondas Love es similar a las ondas SH, que se quedan atrapadas en múltiples reflexiones en la camada que cubre el semi-espacio elástico.

Al tomar el escenario de una onda que se propaga en la dirección del eje-x con movimientos verticales en el eje-y, tendríamos que su desplazamiento de partícula pueda ser descrita como

$$v(x, y, z) = V(z)e^{i(k_L x - \omega t)} \tag{3.67}$$

donde v es el desplazamiento de partícula en la dirección del eje-y; $V(z)$ describe la variación de los desplazamientos con la profundidad; k_L es el número de onda de las ondas Love.

Las ondas Love deben satisfacer las ecuaciones de las ondas S en los dos medios considerados: el semi-espacio infinito y la camada que recubrimiento de espesura H. Sin embargo, las amplitudes de las ondas deben variar cuando se hace variar las profundidades. Además, considerando que el semi-espacio infinito no permite reflexiones u otros suplementos de energía, las amplitudes pueden ser representadas por

$$V(z) = \begin{cases} A_1(e^{-\upsilon_1 z} + e^{\upsilon_1 z}) & para\, 0 \leq z \leq H \\ A_2 e^{-\upsilon_2 z} & para\, z \geq H \end{cases} \tag{3.68}$$

donde A_1, A_2 son coeficientes que describen las amplitudes de bajada; además, los valores de υ_1 y υ_2 vienen dadas por

$$\upsilon_1 = \left(\frac{{k_L}^2 - \omega^2}{G_1/\rho_1}\right)^{1/2} \qquad \upsilon_2 = \left(\frac{{k_L}^2 - \omega^2}{G_2/\rho_2}\right)^{1/2} \tag{3.69}$$

Al imponer las condiciones de superficie libre y continuidad en la interfaz entre los medios, cuando $z = H$, podemos escribir como un poco de algebra, que la ecuación (3.67)

$$v(x,y,z) = \begin{cases} 2A_1 \cos\left[\omega\left(\frac{1}{v_{s1}^2} - \frac{1}{v_L^2}\right)^{1/2} z\right] e^{i(k_L x - \omega t)} \\ 2A_1 \cos\left[\omega\left(\frac{1}{v_{s1}^2} - \frac{1}{v_L^2}\right)^{1/2} H\right] e^{\left[-\omega\left(\frac{1}{v_L^2} - \frac{1}{v_{s2}^2}\right)^{1/2}(z-H)\right]} e^{i(k_L x - \omega t)} \end{cases} \tag{3.70}$$

La primera ecuación es válida para $0 \leq z \leq H$ y la segunda para $z \geq H$. Donde υ_1 y υ_2 son las velocidades de las ondas S en los dos medios considerados y v_L es la velocidad de las ondas Love.

Por lo tanto, la solución para determinar la velocidad de las ondas Love es dada por

$$\tan \omega H \left(\frac{1}{v_{s1}^2} - \frac{1}{v_L^2}\right)^{1/2} = \frac{G_2}{G_1} \frac{\left(\frac{1}{v_L^2} - \frac{1}{v_{s2}^2}\right)^{1/2}}{\left(\frac{1}{v_{s1}^2} - \frac{1}{v_L^2}\right)^{1/2}} \tag{3.71}$$

En general, las ondas Love son más veloces que las ondas Rayleigh, pero ambas se propagan a menor velocidad que las ondas de cuerpo. Estas ondas son las que poseen menor velocidad de propagación a comparación de las otras dos.

3.3 Reflexiones y Transmisión de Ondas

Cuando una onda sísmica se propaga por un medio y encuentra alguna discontinuidad o interfaces con medios de distintas propiedades elásticas, una porción de la energía incidente es transferida a través de la interfaz y otra parte es reflejada. La repartición de las energías está íntimamente relacionada con las propiedades elásticas de los medios, la geometría y el ángulo de cómo la onda incide en la interfaz.

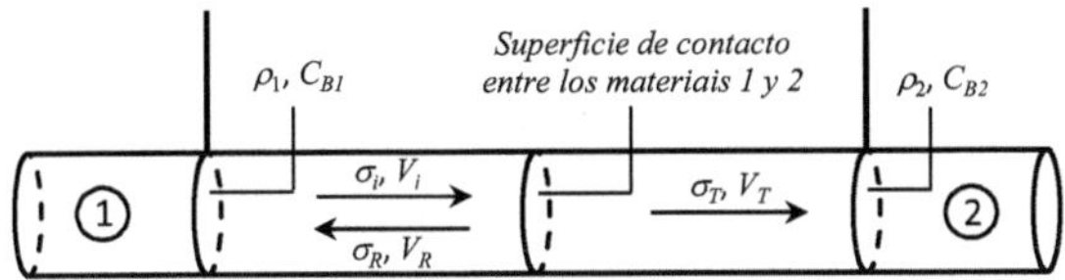

Figura 3.3. Descripción geométrica de la transmisión y reflexión de ondas longitudinales en una barra axial formada por dos medios distintos (Brady & Brown, 2005).

Durante la propagación de una onda elástica a lo largo de una barra, cada partícula ejecuta un movimiento transitorio sobre su posición de equilibrio. Así pues, la *velocidad de partícula* está asociada al estado transitorio de tensión, a lo cual es súper-impuesta al estado inicial de tensiones estáticas existentes en la barra (Brady & Brown, 2005). De esta forma, la tensión longitudinal dinámica actuante en la barra puede ser relacionada con la deformación que esta sufre, a través de la ley de Hook, por

$$\sigma_x = E\varepsilon_x = -E\frac{\partial u_x}{\partial x} \tag{3.72}$$

Tomando la *velocidad de partícula* definida como

$$\dot{u}_x = \frac{\partial u_x}{\partial t} \tag{3.73}$$

y la solución para la ecuación de la onda presentada en la ecuación (3.21), que es reproducida abajo

$$u(x,t) = f_1(Ct - x) + f_2(Ct + x) \tag{3.74}$$

además, calculando sus derivadas parciales con relación al desplazamiento y al tiempo, y combinándolas con las ecuaciones (3.72) y (3.73), obtendremos las siguientes ecuaciones

$$\sigma_x = -E\frac{\partial}{\partial x}\big(f_1(Ct - x) + f_2(Ct + x)\big) \tag{3.75}$$

$$\dot{u}_x = (-C)\frac{\partial}{\partial t}[f_1(Ct - x)] + C\frac{\partial}{\partial t}[f_2(Ct + x)] \tag{3.76}$$

Combinando los componentes relevantes de las ecuaciones (3.75) y (3.76) y tomando la onda en la dirección positiva de x, obtenemos la ecuación que relaciona la velocidad de partícula con la tensión dinámica longitudinal de la barra a través de

$$\dot{u}_x = C\frac{\sigma_x}{E} = \frac{\sigma_x}{\rho C} \tag{3.77}$$

o, finalmente, como

$$\sigma_x = \rho C \dot{u}_x \quad (3.78)$$

Por lo tanto, la tensión longitudinal dinámica inducida en un punto por el paso de la onda es directamente proporcional a la velocidad de partícula en este punto (Brady & Brown, 2005). La cantidad $z = \rho C$ contenida en la ecuación (3.78) es definida como la impedancia característica del medio.

En la interfaz, para que haya compatibilidad de los desplazamientos y continuidad de las tensiones cuando una onda elástica incide en esta, las siguientes condiciones tienen que cumplirse

$$\sigma_i + \sigma_R = \sigma_T \quad (3.79)$$

$$u_i + u_R = u_T \quad (3.80)$$

y por consiguiente, para las velocidades de partículas

$$\dot{u}_i + \dot{u}_R = \dot{u}_T \quad (3.81)$$

donde los subíndices son referentes a i = incidente, R = reflejada y T = transmitida. Al combinar las ecuaciones (3.78) y (3.79), obtenemos

$$\frac{\sigma_i}{\rho_1 C_1} + \frac{\sigma_R}{\rho_1 C_1} = \frac{\sigma_T}{\rho_2 C_2} \quad (3.82)$$

donde los subíndices numéricos son referentes a los medios 1 y 2, respectivamente. Al introducir la ecuación (3.82), y reordenando los términos, llegamos

$$\sigma_R = \frac{\rho_2 C_2 - \rho_1 C_1}{\rho_2 C_2 + \rho_1 C_1} \sigma_i \quad (3.83)$$

$$\sigma_T = \frac{2\rho_2 C_2}{\rho_2 C_2 + \rho_1 C_1} \sigma_i \quad (3.84)$$

Así que, de estas ecuaciones, se obtiene los coeficientes de reflexión y transmisión para el caso de las tensiones

$$R_\sigma = \frac{\sigma_R}{\sigma_i} = \frac{z_2 - z_1}{z_2 + z_1} \quad (3.85)$$

$$T_\sigma = \frac{\sigma_T}{\sigma_i} = \frac{2z_2}{z_2 + z_1} \quad (3.86)$$

De las ecuaciones de Zoepprintz, desarrolladas para el estudio sobre la transmisión y reflexión de ondas, se ha notado que las curvas cambian muy despacio para ángulos de incidencias pequeños, como resultado, la aplicación del ángulo de incidencia normal tiene una gran aplicación (Telford et al, 1990).

De forma similar, la relación entre las velocidades de partículas es

$$\dot{u}_R = -\frac{\rho_2 C_2 - \rho_1 C_1}{\rho_2 C_2 + \rho_1 C_1} \dot{u}_i \quad (3.87)$$

$$\dot{u}_T = \frac{2\rho_1 C_1}{\rho_2 C_2 + \rho_1 C_1}\dot{u}_i \tag{3.88}$$

donde los coeficientes de reflexión y transmisión para el caso de las velocidades de partícula son

$$R_{\dot{u}} = \frac{\dot{u}_R}{\dot{u}_i} = \frac{z_2 - z_1}{z_2 + z_1} \tag{3.89}$$

$$T_{\dot{u}} = \frac{\dot{u}_T}{\dot{u}_i} = \frac{2z_1}{z_2 + z_1} \tag{3.90}$$

Sin embargo, encontramos los coeficientes de transferencia y reflexión de energía con relación a la energía incidente, escribiendo E_R y E_T para las fracciones de la energía reflejada y transmitida, a partir de la ecuación (3.17) (Telford *et. al*, 1990).

$$E_R = \frac{I_R}{I_i} = \frac{\frac{1}{2}\rho_1 C_1 \omega^2 {A_R}^2}{\frac{1}{2}\rho_1 C_1 \omega^2 {A_i}^2} = \left(\frac{z_2 - z_1}{z_2 + z_1}\right)^2 \tag{3.91}$$

$$E_T = \frac{I_T}{I_i} = \frac{\frac{1}{2}\rho_2 C_2 \omega^2 {A_T}^2}{\frac{1}{2}\rho_1 C_1 \omega^2 {A_i}^2} = \frac{4z_1 z_2}{(z_2 + z_1)^2} \tag{3.92}$$

donde, la suma de $E_R + E_T = 1$, por conservación de energía.

Conviene todavía, entre otras cosas para simplificar la notación, definir la *impedancia relativa* entre los dos medios 1 y 2 por

$$n = \frac{\rho_1 C_1}{\rho_2 C_2} = \frac{z_1}{z_2} \tag{3.93}$$

Los fenómenos que caracterizan la partición de las amplitudes y/o energías en la transmisión y reflexión de ondas en la interfaz de medios elásticos son regidos por las impedancias de los medios. De acuerdo con la magnitud relativa entre las impedancias de los medios, la naturaleza de las transmisiones y reflexiones son fácilmente identificables.

Para el caso de una onda incidente en una interfaz desde una dirección opuesta, tenemos que intercambiar z_1 y z_2. Esto implicará en el cambio del signo de R y del valor de T, pero mantendrá intocable los coeficientes de transmisión y reflexión de energías, una vez que la partición de energía no depende desde cual medio proviene la energía incidente (Telford et al., 1990). Un valor negativo de R significa que la onda es reflejada a un ángulo de 180º de fase con relación a la onda incidente. Así pues, una onda inicialmente compresiva será reflejada como una onda de tracción.

De acuerdo con la ecuación (3.93), que define la *impedancia relativa* entre dos medios, el cambio de propiedades elásticas en la interfaz resultará en un numero n, *sin dimensión,* menor, igual o mayor que 1, que indicará, por su vez, que tipo de comportamiento tendrá lugar en la interfaz. Por consiguiente, si una onda atraviesa una interfaz desde un medio de menor impedancia para otro con mayor impedancia, $n < 1$, la amplitud de las tensiones de las ondas transmitidas será mayor que de las ondas incidentes y las amplitudes de las tensiones de las ondas reflejadas serán menores, pero del mismo signo o naturaleza de la onda incidente. Eso quiere decir que, si una onda incidente tiene una naturaleza compresiva, la onda transmitida y reflejada también serán compresivas. Por otro lado, si una onda atraviesa una interfaz desde un medio de mayor impedancia para otro de menor impedancia, $n > 1$, la amplitud de la onda reflejada será menor que de la onda incidente, presentando, además, un cambio de signo o naturaleza con relación a esta. En otras palabras, si una onda incidente tiene una naturaleza compresiva, la onda reflejada tendrá un carácter de tracción.

Dos casos extremos y particulares se pueden comprender desde la relación entre las impedancias de los medios. La primera es cuando $n = \infty$, que indica que una onda se propaga desde un medio 1 con impedancia infinitamente mayor que del medio 2. En este caso, la tensión de la onda incidente será reflejada como ondas de tracción, de misma amplitud, pero con signo opuesto. Sin embargo, para que se cumpla las condiciones de contorno para un estado en que no se transmite ondas de tensión, el desplazamiento transmitido viene a ser el doble del desplazamiento de la onda incidente (Kramer, 1996). Esto explica, entre otras cosas, el fenómeno o el mecanismo del descostramiento o *spalling* en voladuras de roca por explosivos, que es resultado de la incidencia de las ondas de choque en la cara libre del banco, donde las ondas incidentes encuentran una interfaz entre la roca y el aire. La segunda particularidad se presenta cuando $n = 0$, que indica que una onda se propaga desde un medio 1 para un medio 2, donde la impedancia del medio 1 es infinitamente menor que la del medio 2. En este caso, no hay transmisión de desplazamientos, pero la tensión transmitida es el doble de la incidente. Por otro lado, las ondas reflejadas tienen la misma amplitud y signo de la onda incidente (Kramer, 1996).

Sin embargo, no es común observar en la naturaleza fenómenos de transmisión y reflexión de ondas con ángulos de incidencias de 90º. Esto tiene una gran implicación, una vez que la forma en que la energía se transmite y refleja es fuertemente determinada por el ángulo en que las ondas se aproximan de la interfaz entre los medios de propagación.

Aplicando el principio de Fermat – en cual define que el camino de propagación entre dos puntos arbitrarios es aquel que conlleva al mínimo tiempo de transcurso –, Snell ha propuesto lo que conocemos como Ley de Snell

$$\frac{\sin\theta}{C} = constante \tag{3.94}$$

donde θ es el ángulo de incidencia, que es aquel medido entre la dirección de la onda incidente con la normal de la interfaz; C es la velocidad de propagación de la onda. Las ondas en estudio pueden ser tanto ondas P como ondas S.

Para una onda propagándose arbitrariamente desde el medio 1 hacia el medio 2, que presentan velocidades de ondas distintas, con un ángulo de incidencia θ_i, es de esperar que los ángulos de incidencia y reflexión sean iguales. Por la ley de Snell tenemos

$$\frac{\sin\theta_i}{C_i} = \frac{\sin\theta_T}{C_T} \tag{3.95}$$

Además, en la interfaz se requiere la continuidad de las presiones y velocidades de partícula, luego

$$\dot{u}_i \cos\theta_i - \dot{u}_R \cos\theta_R = \dot{u}_T \cos\theta_T \tag{3.96}$$

Asimismo, por la teoría de la elasticidad, se puede relacionar las velocidades de partícula con las presiones actuantes en los frentes de ondas. Luego, la ecuación (3.81) puede ser escrita como

$$P_i \rho_1 C_1 - P_R \rho_1 C_1 = P_T \rho_2 C_2 \tag{3.97}$$

que al combinar con las ecuaciones (3.95), (3.96) y (3.97), podemos calcular las velocidades de partícula y presiones transmitidas y reflejadas

$$\dot{u}_R = \left[\frac{z_2 \cos\theta_i - z_1 \cos\theta_T}{z_2 \cos\theta_i + z_1 \cos\theta_T}\right] \dot{u}_i \tag{3.98}$$

$$\dot{u}_T = \left[\frac{2 z_1 \cos\theta_i}{z_2 \cos\theta_i + z_1 \cos\theta_T}\right] \dot{u}_i \tag{3.99}$$

donde los coeficientes de reflexión y transmisión para el caso de las velocidades de partícula son

$$R_{\dot{u}} = \frac{\dot{u}_R}{\dot{u}_i} = \frac{z_2 \cos\theta_i - z_1 \cos\theta_T}{z_2 \cos\theta_i + z_1 \cos\theta_T} = \frac{\cos\theta_i - n \cos\theta_T}{\cos\theta_i + n \cos\theta_T} \tag{3.100}$$

$$T_{\dot{u}} = \frac{\dot{u}_T}{\dot{u}_i} = \frac{2 z_1 \cos\theta_i}{z_2 \cos\theta_i + z_1 \cos\theta_T} = \frac{2n \cos\theta_i}{\cos\theta_i + n \cos\theta_T} \tag{3.101}$$

No obstante, el fenómeno puede ser aún más complejo si se considera la propagación de ondas P, ondas SV y ondas SH incidentes. Cuando una onda incide en una interfaz con propiedades elásticas distintas, parte de su energía se transmite y otra se refleja en una composición de ondas P y S. Las direcciones y amplitudes de las ondas que se transmiten y se reflejan son determinadas a partir la amplitud y dirección de la onda incidente (Kramer, 1996). Aplicando el teorema de Fermat, a través de la ley de Snell, obtenemos las direcciones de todas las seis ondas – con amplitudes A, B, C, D, E y F – involucradas en el fenómeno, que son

$$\frac{\sin\theta_1}{C_1} = \frac{\sin\theta_2}{C_2} = \frac{\sin\theta_3}{C_3} = \frac{\sin\theta_4}{C_4} = \frac{\sin\theta_5}{C_5} = \frac{\sin\theta_6}{C_6} \tag{3.102}$$

donde θ_i son los ángulos referentes a la normal de las seis ondas; C_i son las velocidades de propagación de los medios en que C_1 y C_2 son ondas P y S incidentes; C_3 y C_4 son ondas P y S reflejadas; y C_5 y C_6 son ondas P y S transmitidas, respectivamente.

Al estudiar el caso más sencillo, lo de la incidencia de una onda P en una interfaz que satisface los requerimientos de equilibrio y compatibilidad, además de presentar propiedades elásticas distintas, Oriard (1985) propone el siguiente sistema de ecuaciones

$$(A - C)\cos\theta_1 + D \sin\theta_2 - E \cos\theta_5 - F \sin\theta_6 = 0 \tag{3.103}$$

$$-(A+C)\cos 2\theta_2 + \frac{D}{m}\sin 2\theta_2 + Enk\cos 2\theta_6 + Fnl\sin 2\theta_6 = 0 \tag{3.104}$$

$$(C-A)\sin 2\theta_1 + Dm\cos 2\theta_2 + Ekq^2 \cdot m \cdot \sin 2\theta_5 - Fkq^2 t\cos 2\theta_6 = 0 \tag{3.105}$$

$$\frac{C^2}{A^2} + \frac{D^2 \sin 2\theta_2}{A^2 \sin 2\theta_1} + \frac{E^2 \rho_2 \sin 2\theta_5}{A^2 \rho_1 \sin 2\theta_1} + \frac{F^2 \rho_2 \sin 2\theta_6}{A^2 \rho_1 \sin 2\theta_1} = 1 \tag{3.106}$$

donde

$$m = \frac{C_1}{C_2}, \quad n = \frac{C_5}{C_1}, \quad k = \frac{\rho_2}{\rho_1}, \quad l = \frac{C_6}{C_1}, \quad q = \frac{C_6}{C_2}, \quad t = \frac{C_1}{C_6} \tag{3.107}$$

Se puede observar que las amplitudes están en función de los ángulos de incidencia, velocidad de propagación de los medios y densidades (Kramer, 1996). Relaciones similares pueden ser obtenidas para ondas SV y SH.

3.4 Interacción Explosivo-Roca

La detonación de una carga explosiva proporciona la liberación de una gran cantidad de energía en un intervalo de tiempo muy corto. Una poderosa onda de choque compresiva es transmitida al macizo rocoso circundante seguida por una expansión gaseosa tremendamente violenta. Aunque gran parte de la energía desprendida en la detonación se pierde en trabajo no efectivo, la parcela efectiva resultante, estimada por Hagan (1977) como un 15% de la energía total generada en la voladura, se concentra en la acción conjunta de dos fases distintas: (i) fase dinámica, dominada por la acción de las ondas de choque; y (ii) fase semi-estática, dominada por la expansión gaseosa en el macizo rocoso (Langefors, 1963; Dinis da Gama, 1971; Coaters & Gyenge, 1973; Rolim, 2006).

Durante la fase dinámica, las altas presiones generadas durante la detonación de la columna de explosivo son trasmitidas a la roca a través de ondas de choque. Estas ondas de choque se propagan radialmente por el macizo rocoso a través de pulsos de compresión concéntricos que se atenúan a la medida que se alejan del centro de carga; eventualmente atingen una cara-libre, planos de fractura o medios con propiedades elásticas distintas, en el que las impedancias características de cada medio determinan el régimen de transmisión y reflexión de las ondas de choque.

El grado de energía transmitida a la roca por la detonación de una carga explosiva es dominado por las relaciones de impedancia entre los medios: explosivo y roca. En el campo cercano, el punto de iniciación, velocidad de detonación y propiedades anisotrópicas del material rocoso definirá el ángulo de incidencia de las presiones generadas por la detonación y, consecuentemente, la forma de la superficie formada por las ondas de choque transmitidas al medio circundante al explosivo. Así pues, la presión máxima transmitida a la roca, suponiendo un acoplamiento explosivo-barreno perfecto, es

$$P_o = \left(\frac{2}{1+n}\right) PD \tag{3.108}$$

donde P_o es la presión máxima inicial en la pared del barreno; PD es la presión de detonación del explosivo; y n es la relación de impedancias entre los medios explosivo-roca.

$$n = \frac{\rho_e VOD}{\rho_r C_p} \tag{3.109}$$

donde ρ_e, ρ_r son las densidades del explosivo y de la roca, respectivamente; y VOD, C_p son las velocidades de detonación del explosivo y de las ondas P de la roca. Esto implica notar, por lo tanto, que cuando n es cerca de 1, una mayor cantidad de energía es transmitida a la roca, mejorando los resultados de la fragmentación resultante. Este es una técnica muy usual en el diseño de voladuras, que ha quedado conocida por el casamiento de impedancias.

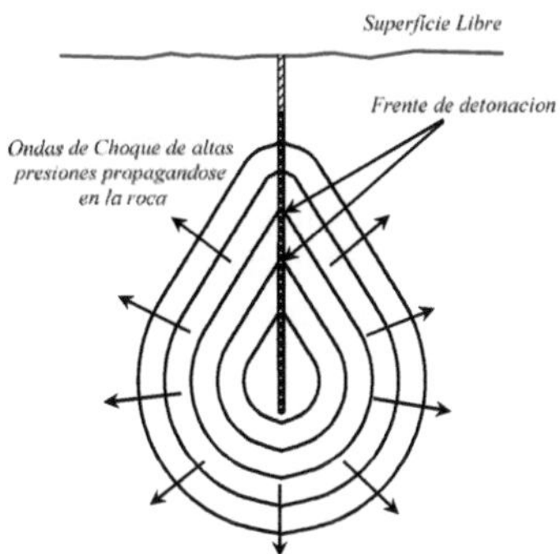

Figura 3.4. Idealización de los frentes de ondas de choque en la fase dinámica de la detonación.

De la expresión (3.108), se puede concluir que la naturaleza de la onda de choque transmitida al medio rocoso es compresiva. Una vez en el medio rocoso, la presión de la onda de choque en la roca se atenúa con una ley general del tipo potencial, que se propaga radialmente desde del centro del barreno

$$P_r = P_o \left(\frac{2R}{D}\right)^{\tau} \tag{3.110}$$

donde P_r es la presión o tensión radial de compresión que se propaga en el medio; P_o es la presión en la pared del barreno; D es el diámetro del barreno; R es la distancia desde el centro del barreno hasta el punto de observación; y τ es el exponente de la ley de amortiguación.

La atenuación de las tensiones compresivas actuantes en el macizo rocoso disminuye con el cuadrado de la distancia – es decir, $\tau = 2$ para cargas cilíndricas – incorporando las características de la roca y del explosivo (López Jimeno, et al., 1995).

El punto de iniciación del explosivo en la columna de carga define la dirección y sentido del flujo de liberación de energía desarrollada por la detonación. La localización de estos puntos de iniciación se puede dar en: (i) cebado en fondo; (ii) cebado en cabeza; (iii) cebado múltiple; y (iv) cebado axial (López Jimeno et al., 2003). El cebado en fondo proporciona un mejor aprovechamiento de las energías desarrolladas durante las fases dinámica y semi-estáticas de la detonación, posibilitando un incremento de la fragmentación resultante y el desplazamiento del material. Este tipo de iniciación permite un incremento del tiempo de confinamiento de los gases, que proporciona a la fase semi-estática un mejor aprovechamiento de la energía de los gases en el proceso de fragmentación.

Tras el paso de las ondas de choque, el estado dinámico que fue sometida la roca recobra su estado casi-estático, es decir, las propiedades estáticas del macizo rocoso comienzan a manifestarse de manera más efectiva debido al surgimiento de un campo semi-estático de tensiones correspondientes a la presión de los gases en las paredes del barreno (Whittaker et al., 1992), que cuando completamente acopladas a las paredes del barreno, presentan un pico inicial aproximado a (Persson et al., 1994)

$$P_B = \frac{PD}{2} \tag{3.111}$$

donde P_B es la presión de barreno y PD la presión de detonación del explosivo.

Como antes de la detonación, el material explosivo se encuentra confinado en un volumen limitado por el barreno, su rápida expansión gaseosa – a altas temperaturas y presiones – a volúmenes muy superiores al de su confinamiento, propicia a que los gases se infiltren violentamente a través de las fracturas, naturales y creadas en la fase dinámica, expandiéndolas por la acción de cuña, separando el macizo rocoso en diversos fragmentos o bloques de roca. Por otro lado, debido al sistema termodinámicamente instable de la expansión gaseosa, hay una tendencia natural a equilibrar la sobrecarga energética en el interior de las fracturas direccionando los gases hacia la dirección de menor resistencia, normalmente la atmosfera.

En las voladuras donde la masa de roca a volar está muy confinada – relación de rigidez H/B menor que 2 (Ash, 1977; Konya, 1983) –, normalmente, la acción de la fase semi-estática puede generar un incremento en los niveles de vibraciones por la fragmentación deficiente y mayor dificultad para desplazar la roca, incrementando, además, el tiempo de acción de los gases en el interior de la masa de roca. Por otro lado, en las voladuras subacuáticas, el confinamiento adicional que proporcionan la columna de agua sobre la masa de roca permite que la fase semi-estática sea todavía más efectiva que en voladuras en superficie, por permitir una mejor eficiencia en la fragmentación por la retención de los gases en las fracturas creadas durante la fase dinámica de la detonación; en contrapartida, los niveles de vibraciones se vean potencialmente incrementados.

Como consecuencia de la clasificación de los efectos de la detonación en fases dinámica y semi-estática, se puede identificar dos regiones distintas en el medio circundante al barreno. La primera es conocida como región plástica, que se caracteriza por presentar fracturas generadas por el paso de la onda de choque y, la segunda, región elástica, donde estas ondas, ya atenuadas, no son más capaces de romper la roca, sino que la deforma elásticamente.

En la región plástica, las ondas de choque que se propagan radialmente desde del centro de la carga, generan distintos niveles de deformación plástica: (i) en la región inmediata a los límites del barreno, conocida como *zona hidrodinámica*, se comporta como un material hidrodinámico debido a las altas presiones y temperaturas impuestas por la detonación del explosivo; (ii) luego, surge una región conocida como *zona triturada*, donde los pulsos compresivos de la onda de choque son suficientemente superiores a la resistencia a la compresión dinámica de la roca, generando el aplastamiento por compresión; (iii) una vez que los pulsos compresivos se amortiguan a niveles inferiores a de la resistencia a la compresión dinámica de la roca, siguen, tras el paso de la frente de onda, creando tensiones de naturaleza traccional que superan a la resistencia a tracción dinámica del material, caracterizando lo que se conoce como *zona fracturada*. Como por general los materiales rocosos presentan una baja resistencia a esfuerzos de tracción, estas tensiones traccionales producirán planos de trincas radiales que se extenderán desde el centro del barreno hasta un límite donde estas tensiones ya no son más capaces de fragmentar la roca por tracción (Persson, 1970). Además, se verifica la formación de una densa rede de micro-fisuras en las cercanías del barreno y una disminución en lo numero de estas micro-fisuras a la medida que se aleja del mismo (Rolim, 2006).

La región elástica se extiende desde del límite de la región plástica hasta distancias donde las ondas sísmicas ya no sean capaces de deformar elásticamente el medio en que se propagan. En esta región, las ondas de choque se amortiguarán lo suficiente, tanto en términos de amplitud como de velocidad – propagándose ahora a la velocidad sísmica del medio – para generar deformaciones elásticas en el material rocoso tras el paso de estas ondas.

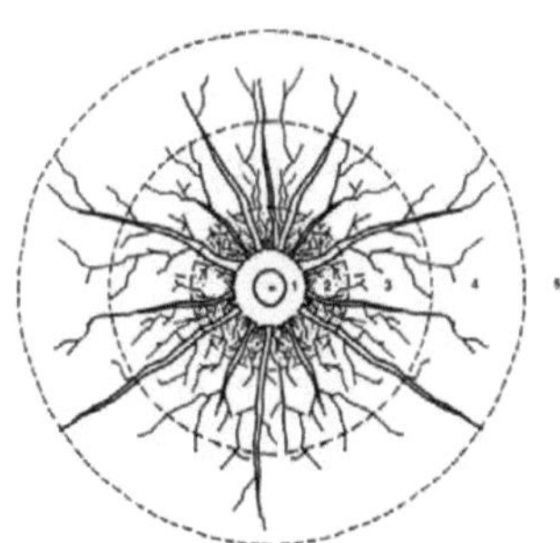

Figura 3.5. Idealización de las zonas afectadas por la fase dinámica, inmediatamente alrededor del barreno.

Las estructuras sensibles que están sujetas a problemas o controles de vibraciones, presentes en las cercanías de obras de excavación civil, canteras o minas, e incluso urbanizaciones vecinas a estos emprendimientos, se encuentran normalmente dentro de la denominada región elástica; región donde los efectos sísmicos generados por la abrupta liberación de energía de las voladuras actúan en niveles de deformaciones elásticas. Es de interés, por lo tanto, que los niveles de energía que se manifiestan en la región elástica sean conocidos y controlables para que sean las mínimas posibles, una vez que todos los fenómenos que toman lugar en ella son considerados efectos colaterales del proceso de excavación, fragmentación y desplazamientos del material deseados en las voladuras.

3.5 Predicción de los Niveles de Vibraciones

Como los macizos rocosos no son constituidos de un medio elástico isotrópico perfecto, normalmente es difícil predecir los niveles de vibraciones producidos por una voladura a una dada distancia (Persson et al., 1994). Sin embargo, a través de estudios específicos de vibraciones, es posible determinar estadísticamente las leyes que gobiernan la atenuación del terreno estudiado en distintos niveles de fiabilidad. Para tanto, es necesario conocer los métodos y parámetros que se llevan en consideración en la aplicación de las técnicas de estudio y análisis de los niveles de vibraciones generadas por voladuras.

3.5.1 Distancias Escalonadas o Reducidas

Durante los años que se siguieron a las primeras explosiones nucleares, a fin de estudiar y modelar los fenómenos sísmicos asociados a las vibraciones generadas por estas, investigadores del Engineering Research Associates (1952; 1953) aplicaran ideas derivadas del teorema pi de Buckingham, que se imparte sobre el análisis adimensional de los parámetros asociados al fenómeno (Langhaar, 1951). Este teorema afirma que un parámetro antecedente a otro puede ser elevada a cualquier potencia, multiplicados entre sí, además de que, incluso, cualquier parámetro puede ser considerado función de cualquier otro parámetro adimensional (Dowding, 1985).

Hendron & Ambraseys (1968) han propuesto un grupo de parámetros asociados a los fenómenos sísmicos generados por las voladuras de roca en el cual han clasificado como variables independientes y dependientes.

Tabla 3.1: Variables independientes y dependientes.

Variable	Símbolo	Dimensión
Independiente		
Energía liberada por la explosión	W	kg
Distancia desde la explosión	R	m
Velocidad sísmica de la roca	C	m/s
Densidad de la roca	ρ	kg/m^3
Tiempo	t	s
Variable	**Símbolo**	**Dimensión**
Dependiente		
Desplazamiento Pico de Partícula	u	mm
Velocidad Pico de Partícula	$\dot{u}$	mm/s
Aceleración Pico de Partícula	$\ddot{u}$	mm/s^2
Frecuencia del terreno	f	Hz

Luego, como consecuencia de la aplicación del teorema pi de Buckingham y de los primeros estudios de modelos en pequeña escala de explosiones nucleares, los parámetros adimensionales asociados a la predicción de la velocidad pico de partícula son (Ambraseys & Hendron, 1968)

$$\frac{u}{R} \qquad \frac{\dot{u}}{C} \qquad \frac{\ddot{u}R}{C^2} \qquad ft \qquad \frac{tC}{R} \qquad \frac{\rho C^2 R^3}{W} \tag{3.112}$$

que son combinaciones de parámetros independientes y dependientes.

Al comparar estadísticamente los parámetros adimensionales del desplazamiento, velocidad y aceleración pico de partícula con la raíz cubica de la energía liberada por retardo, podemos establecer relaciones que son conocidas por leyes de atenuación del terreno

$$\frac{u}{R} \propto (\rho C^2)^{1/3} \frac{R}{W^{1/3}} \tag{3.113}$$

$$\frac{\dot{u}}{C} \propto (\rho C^2)^{1/3} \frac{R}{W^{1/3}} \tag{3.114}$$

$$\frac{\ddot{u}R}{C^2} \propto (\rho C^2)^{1/3} \frac{R}{W^{1/3}} \tag{3.115}$$

El parámetro adimensional a la derecha de la ecuación (3.113) es conocida como distancia escalonada cúbica (raíz cúbica), que incorpora además del efecto de la distancia y carga, propiedades del medio donde se propagan las ondas sísmicas. Hendron & Ambraseys (1968) la sugirieron utilizar en vibraciones generadas por voladuras de roca por explosivos (Dowding, 1985).

Así pues, de forma general, obtenemos la siguiente expresión para el estudio de las leyes de atenuación del terreno para el caso de la velocidad pico de partícula (se modela de forma similar para los desplazamientos y aceleraciones pico de partícula)

$$\frac{\dot{u}}{C} = K\left[(\rho C^2)^{1/3} \frac{R}{W^{1/3}}\right]^{\alpha} \tag{3.116}$$

donde K es una constante y α un coeficiente de atenuación. Además, el parámetro adimensional a la derecha de la ecuación (3.116) es definida como Distancia Escalonada o Reducida (*Scaled Distance*)

$$SD = (\rho C^2)^{1/3} \frac{R}{W^{1/3}}$$

El uso de distancias escalonadas SD en el proceso estadístico de predicción de los niveles de vibración es indispensable, una vez que deseamos evaluar los efectos de la abrupta liberación de la energía del explosivo en un dado instante de tiempo a una determinada distancia de la detonación. Esta metodología es interesante por considerar características del medio, ρC^2. De acuerdo con la teoría de la elasticidad, ρC^2 puede ser relacionado con el módulo de elasticidad, E_d, por

$$\frac{d\sigma}{d\varepsilon} = \rho C^2 = E_d$$

En este sentido, Devine at al. (1966) llevaron a cabo un minucioso estudio donde relacionaron que la velocidad pico de partícula está íntimamente relacionada a la carga máxima instantánea o por retardo, que es tradicionalmente definida por aquella que detona dentro de una ventana de tiempo de 8 ms. El criterio de 8 ms es ampliamente difundido desde entonces como regla general para establecer la carga máxima en una voladura con micro-retardos. La idea es tentar contemplar dentro de una ventana de tiempo toda la parcela de energía que se interfieran constructivamente en el punto de observación.

No obstante, la definición clásica de la ventana de 8 ms no lleva en cuenta el efecto del desfase en la interferencia de las ondas sísmicas a grandes distancias para que cada carga contribuya independientemente a los niveles de vibraciones observados (Bartley et al., 2003). Además, factores como las velocidades de propagación de las ondas sísmicas en el medio, geometría y posicionamiento de las cargas y la secuenciación de los tiempos de detonación, conllevan a un cambio en la carga máxima efectiva instantánea o por retardo.

Considerando que la variación de las densidades y velocidades sísmicas en rocas es prácticamente nula frente a la fuerte variación proporcionada por la distancia R y la energía liberada por el explosivo W (Dowding, 1985), se puede incorporar aquella pequeña variación a la constante K. Finalmente, la fórmula (3.116) puede ser escrita en un formato más conocido, como

$$\dot{u} = K\left[\frac{R}{W^{1/3}}\right]^{\alpha} \tag{3.117}$$

Según Hendron & Ambraseys (1968), Dowding (1985), Villano (1993), Charlie (1993) y otros autores, estos parámetros producen relaciones bastante consistentes (Silva-Castro, 2012).

Sin embargo, la versión más ampliamente utilizada de la distancia escalonada en análisis y códigos de reglamentación para estudiar la atenuación de los picos de velocidad de partículas en proyectos de voladuras es la cuadrática (raíz cuadrada)

$$\dot{u} = K\left[\frac{R}{W^{1/2}}\right]^{\alpha} \tag{3.118}$$

La distancia escalonada cuadrática refleja la geometría cilíndrica del barreno, donde la carga explosiva es distribuida a lo largo de un cilindro.

La ecuación (3.119) es la particularización de la ecuación general derivada de la investigación de Nicholls et al. (1971), publicada en el Bulletin 656 de la Bureau of Mines, donde se ha presentado los resultados obtenidos del análisis de 171 voladuras en 26 canteras distintas en EUA (Silva-Castro, 2012).

$$\dot{u} = K\left[\frac{R}{W^{\alpha}}\right]^{\beta} \tag{3.119}$$

cuando el exponente α asume el valor de 1/3, obtenemos la distancia escalonada cúbica y cuando toma el valor de 1/2, obtenemos la distancia escalonada cuadrática.

De forma más generalizada, autores como Atewel et al. (1965), Holmberg & Persson (1978), Shoop & Daemen (1983) estudiaron los fenómenos sísmicos generados por las voladuras a través del análisis estadístico de regresión múltiple, en el cual la expresión general para la predicción de los niveles de vibraciones toma la siguiente forma

$$\dot{u} = K \cdot W^{\alpha} \cdot R^{\beta} \tag{3.120}$$

donde los coeficientes K, α y β son obtenidos empíricamente a través de ensayos *in situ*.

Existen diferencias prácticas en la aplicación de las distancias escalonadas cúbica y cuadrática. Dowding (1985) expone un ejemplo donde hace una comparación entre las dos metodologías, evidenciando la relación entre distancia y carga necesaria para generar una determinada velocidad pico de partícula. Llega a la conclusión que existe una región de puntos donde ambas predicciones no presentan diferencias significativas al paso que, para las distancias escalonadas cuadráticas, es más conservadora para distancias mayores a esta región de puntos, y para distancias menores, la distancia escalonada cúbica es más conservadora.

3.5.2 Dispersión Estadística de la Velocidad Pico de Partícula

Un estudio para determinar la ley de atenuación de los niveles de las vibraciones generadas por las voladuras en un determinado terreno conlleva a colección y manipulación estadística de datos experimentales. El análisis de una colección o población de datos – pares de distancias escalonadas y su respectivo pico de velocidad de partícula – resultan en una buena representación de la dispersión sobre la línea media de regresión (Dowding, 1985).

La dispersión de los picos de velocidad de partícula observados en una dada distancia escalonada es el resultado de una compleja combinación de factores que favorecen a la variación de los resultados medios esperados. Esta variación es dependiente de parámetros *controlables* y *no controlables* tales como: condiciones geológicas, distintos tipos de explosivos y geometría de cargas, distintos tipos de ondas sísmicas generadas, geometría del diseño de la voladura, confinamiento y secuencia de iniciación, además de errores de medición y dispersión en los tiempos de los detonadores (Holmberg et al., 1984; Dowding, 1985).

De forma muy evidente, la gran dispersión de los pares de puntos – distancia escalonada cuadrática y velocidad pico de partícula representados en la figura 3.6 – colectados durante 463 voladuras de superficie en las obras de excavación para la construcción del tercer juego de esclusas del Canal de Panamá demuestran el efecto de la dispersión en el análisis para la obtención de las leyes de atenuación del terreno. Muchos factores contribuyen para este nivel de dispersión, una vez que distintos explosivos, diseños de voladura, zonas de monitoreo, secuencia de iniciación, entre otros, fueran utilizados durante estas voladuras.

Cuando estudiamos la probabilidad de la ocurrencia de la velocidad pico de partícula en una dada distancia escalonada, resultante de la combinación de cargasdistancia y propiedades elásticas del medio, observamos que los resultados se acomodan más confortablemente en una distribución log-normal (Dowding, 1985). La figura 3.7 presenta las ocurrencias relativas de las velocidades pico de partícula para una distancia escalonada cuadrática de 25 m/kg$^{1/2}$ $\pm$ 5. Se puede apreciar la acomodación de la frecuencia relativa de ocurrencia de los valores de la velocidad pico de partícula en una distribución log-normal.

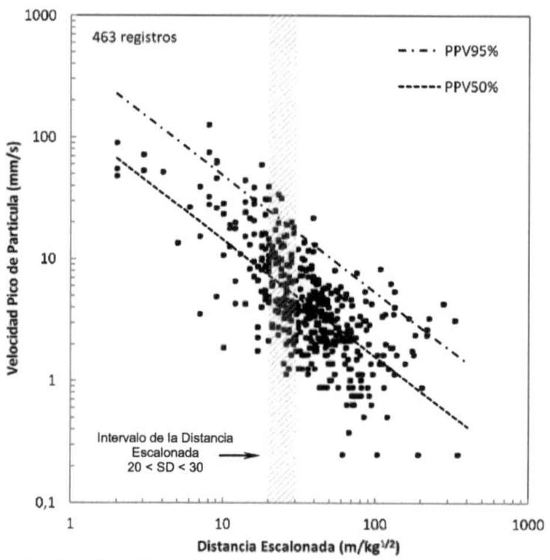

Figura 3.6. Variación de las velocidades pico de partículas en las obras de excavación para la construcción del tercer juego de esclusas del Canal de Panamá.

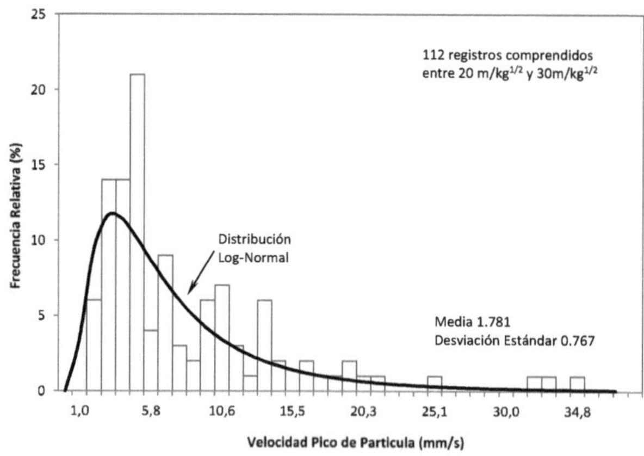

Figura 3.7. Distribución de las velocidades pico de partículas entre las distancias escalonadas $20 < R/W^{1/2} < 30$.

En la teoría de la probabilidad, una distribución log-normal es una función de distribución de probabilidad continua de una variable aleatoria en el que su logaritmo sigue una distribución gaussiana o normal. La función de distribución de probabilidad log-normal es descrita como

$$f_{PPV}(\dot{u}) = \frac{1}{\dot{u}\,\sigma\,\sqrt{2\pi}} e^{-\frac{(\ln \dot{u}-\mu)^2}{2\sigma^2}}; \quad \dot{u} > 0 \tag{3.121}$$

donde $f_{PPV}(\dot{u})$ es la función de distribución probabilidad log-normal de la variable aleatoria $\dot{u}$, velocidad pico de partícula; μ y σ son la media y la desviación estándar $\ln \dot{u}$, respectivamente.

Una vez entendida la naturaleza de la dispersión del fenómeno vibratorio, una importante conclusión emerge en la escena: en la que la dispersión puede ser predicha y estar sujeta al control (Konya & Walter, 1990). En la misma línea, Holmberg et al. (1984) afirman que la dispersión tiene que ser considerada cuando deseamos predecir los posibles niveles del pico de velocidad de partícula para una dada distancia escalonada. Consecuentemente, el nivel de fiabilidad es una consecuencia de la nube de dispersión de los datos estudiados. Luego, las leyes de atenuación obtenidas en el análisis de estos datos pueden ser representadas en diversos niveles de fiabilidad. El 50% proviene, normalmente, de la regresión lineal por mínimos cuadrados y los niveles de mayor fiabilidad, 84% o 95% por ejemplo, incrementan tanto cuantas más unidades de desviaciones estándar añadimos a la desviación del 50%.

Las personas son muy sensibles a las vibraciones, mismo a niveles muy inferiores a los que podrían causar daños a las estructuras. Además, la percepción humana y la variabilidad de la respuesta de estas a las vibraciones son muy importantes y quizá hasta más importante que los daños a las estructuras (Hustrulid, 1999), una vez que las demandas judiciales impetradas por vecinos a estos proyectos por cuenta de molesticas pueden afectar seriamente la rutina y los costes de estos emprendimientos.

3.5.3 Tratamiento Estadístico: Método de Regresión Lineal

De posesión del conjunto de datos experimentales o de campo, el procedimiento más común para su tratamiento estadístico, a fin de calcular la ley de atenuación y de propagación del terreno, es una regresión lineal – normalmente con el método de los mínimos cuadrados – sobre los logaritmos de las velocidades pico de partículas y de la distancia escalonada.

Tomando por base la forma general para la ecuación de la ley de atenuación

$$\dot{u} = K[SD]^{\beta} \tag{3.122}$$

donde $\dot{u}$ es la velocidad pico de partícula; SD es la distancia escalonada seleccionada para el análisis; K y β son constantes del ajuste lineal obtenido del análisis de regresión y que representan las propiedades elásticas del medio, geometría de la voladura, secuencia de iniciación, entre otros.

Al tomar el logaritmo de los dos lados de la ecuación (3.122), observamos que la ecuación resultante representa una recta

$$\log \dot{u} = \log K + \beta \log SD \tag{3.123}$$

donde β es la pendiente de la línea y $\log K$ es el punto donde la recta intercepta el eje de las ordenadas. Luego, la pendiente de la recta viene dada por tangente del ángulo de inclinación

$$\beta = \tan \theta \tag{3.124}$$

a lo que significa escribir que, para una cantidad de n datos, tenemos

$$\beta = \frac{\sum(\log SD)(\log \dot{u}) - \dfrac{\sum \log SD \sum \log \dot{u}}{n}}{\sum(\log SD)^2 - \dfrac{(\sum \log SD)^2}{n}} \tag{3.125}$$

El coeficiente β es siempre negativo, cuando las distancias escalonadas son orientadas del menor hacia el mayor, de la izquierda hacia la derecha del eje de las abscisas.

La constante K vendría, consecuentemente, de forma trivial haciendo $\log SD = 0$, que significa decir que $SD = 1$. Luego

$$K = \exp\left(\frac{\sum \log \dot{u}}{n} - \beta \frac{\sum \log SD}{n}\right) \tag{3.126}$$

La ley de atenuación o propagación con 50% de fiabilidad del proyecto en análisis puede ser obtenida rápidamente con este procedimiento. Si además calculamos la desviación estándar, se puede ajustar la ley obtenida por el método de los mínimos cuadrados para atender otros niveles de fiabilidad, como puede ser a 84% o 95%.

Una metodología más elegante de regresión, y a la vez mas general, se fundamenta en la minimización de la sumatoria de los errores entre las observaciones experimentales y del modelo. Tomando como base la formulación general (3.120), es posible identificar las variables de decisión del problema como los coeficientes K, α y β. Por lo tanto, la función objetivo puede escribirse como

$$f_{ob} = \sum_{i=1}^{n} \left(\dot{u}_{exp}(i) - \dot{u}_{mod}(i)\right)^2$$

donde $\dot{u}_{exp}$ son los valores experimentales y $\dot{u}_{mod}$ los valores obtenidos con el modelo, en este caso, la formulación general. Como resultado de la minimización de f_{ob}, se obtiene el juego de coeficientes que definen la ley de atenuación multivariable con 50% de fiabilidad, una vez que se permite conocer la real contribución de la carga y de la distancia en la conformación de las velocidades pico de partículas.

Las rectas que describen las atenuaciones en distintos niveles de fiabilidad son paralelas a las obtenidas para el 50%, lo que implica observar que la inclinación o pendiente de la ley de propagación β es independiente del nivel de fiabilidad deseado. En contra partida, la constante K absorbe el efecto de la dispersión, incrementándose a la medida que deseamos niveles más altos de fiabilidad. Técnicamente, en mayores niveles de fiabilidad, significa imaginar que las voladuras estudiadas destinarán una parcela de energía mayor al fenómeno vibratorio, como sería, por ejemplo, el caso de voladuras con un alto grado de confinamiento.

3.6 Frecuencias asociadas a las voladuras

La frecuencia principal de las vibraciones generadas por voladuras puede variar entre 0.5 hasta 200 Hz. Sin embargo, ciertos tipos de voladuras tienden a producir frecuencias en un rango más limitado (Dowding, 1985). La frecuencia principal es normalmente definida como aquella asociada al pulso de mayor amplitud observado en la historia temporal de velocidades de partícula de una señal o aquella asociada al mayor pico entre los coeficientes del espectro de Fourier.

Sisking et al. (1981) han presentado datos de la ocurrencia relativa de las frecuencias dominantes para varios tipos de voladuras o industrias – minería de carbón, canteras, construcción y obras públicas – (Nicholls et al., 1971; Wiss et al., 1979; Stagg et al., 1980) evidenciando las diferencias que conlleva la particularidad presente en estos tipos de actividades, como geología, confinamiento y tamaño de las voladuras, secuencia de iniciación, distancias a los puntos de monitoreo más comunes, entre otros.

Este tipo de asociación tiene una importante consecuencia, una vez que se torna posible especular de la peligrosidad que conlleva realizar ciertos tipos de trabajos, tras observar los rangos de frecuencias típicas de cada industria. Comparándolas, pues, con frecuencias alrededor o menores de 10 Hz – que producen un grande desplazamiento de partícula y altos niveles de deformación, acoplándose, además, de forma muy eficiente a estructuras donde las frecuencias de resonancias están entre 4 a 12 Hz (Sisking et al., 1981) –, se puede notar los tipos de voladuras o industrias que más ocurrencias pueden generar en los rangos más peligrosos de frecuencias.

3.6.1 Frecuencias Asociadas a la Geología y Medios de Propagación

Las características de las frecuencias principales encontradas en las voladuras dependen fuertemente de la geología, medios de propagación y de los tiempos de retardo aplicados en la secuencia de iniciación (Sisking et al., 1981). El tipo del medio de propagación tiene una fuerte influencia en la atenuación de las frecuencias. Ondas que se propagan con altas frecuencias dominantes tienden a ser filtradas más rápidamente en suelos que en rocas, cuando analizadas en cortas distancias (Dowding, 1985).

Asimismo, camadas o estratos de suelo o roca pueden propagar ciertos tipos de frecuencias de forma más efectiva debido al efecto guía que proporciona el estrato o capa para la propagación de las ondas en su interior. Estas frecuencias son conocidas como frecuencias naturales o dominantes del estrato de suelo, roca o incluso agua. Al estudiarse las funciones de transferencias en suelos sobre roca, se observa que los picos de mayor amplificación se encuentran muy cerca de las frecuencias naturales del depósito de suelo. Así, pues, la frecuencia natural observada en los depósitos de suelo o roca puede ser estimado por la siguiente ecuación (Kramer, 1996)

$$f_n = \frac{C_s}{4H}(1 + 2n) \quad n = 0, 1, 2, \dots, \infty \tag{3.127}$$

donde C_s es la velocidad de las ondas de corte; H es la espesura o profundidad del depósito de suelo o roca. Como los picos de amplificación son más acentuados en las frecuencias naturales más bajas, la menor frecuencia donde ocurre la mayor amplificación es llamada de frecuencia fundamental (Kramer, 1996)

$$f_o = \frac{C_s}{4H} \tag{3.128}$$

En una zona con medio de propagación predominantemente rocosa con capas de suelo muy finas, las vibraciones generadas por voladuras serian eventualmente caracterizadas por grandes parcelas de energía concentradas en rangos de frecuencias relativamente altos y, consecuentemente, bajas amplitudes de desplazamientos. Por otro lado, a la misma distancia de observación, una zona que tuviera una camada de suelo relativamente profunda presentaría una mayor concentración de energía en frecuencias relativamente bajas y, por su vez, altas amplitudes de desplazamientos (Sisking et al., 1981; Oriard, 2002). Sin embargo, las amplitudes de las velocidades de partículas serían muy similares si los niveles de energía liberados en la detonación fuesen similares; quizá un poco mayor en zonas con presencia de camadas profundas de suelo (Oriard, 2002) por el efecto de la amplificación de la respuesta del suelo o efecto local.

Un comportamiento similar se pasa en la propagación de ondas acústica en capas acuáticas y suelos extremamente saturados donde la columna de agua no es profunda o aguas poco profundas. En este mismo sentido, Brekhovskikh (1960) afirma, además, que existe una frecuencia baja de corte – *low-frequency cut-off* – para ondas que se propagan en un medio subacuático que es igual a la frecuencia de la onda en el suelo en su comienzo. Así pues, la expresión para la frecuencia de corte es (Brekhovskikh, 1960)

$$f_c = \frac{C_w}{4H_r}\left[1 - \left(\frac{C_w}{C_b}\right)^2\right]^{-1/2} \tag{3.129}$$

donde f_c es la frecuencia baja de corte; H_r es la profundidad de la principal interfaz de reflexión; C_w es la velocidad acústica de la onda en el agua; C_b es la velocidad sísmica del fundo de ambiente acuático.

Por otro lado, en detonaciones de cargas explosivas no confinadas en ambientes subacuáticos – y en algunos casos, cargas confinadas en barrenos –, donde la profundidad de la columna de agua es relevante, se observa que los gases liberados por la detonación se manifiestan como una burbuja de gas que oscila expandiéndose y contrayéndose por la altas presiones de los gases y presión hidrostática, respectivamente, hasta eventualmente colapsar – liberando pulsos secundarios de presión hidrodinámica – o llegar a la superficie delimitada por el agua y aire.

Este fenómeno produce unos trenes de ondas de superficie que transportan grandes cantidades de energía en bandas de frecuencias relativamente bajas, debida principalmente a los efectos de las burbujas y reverberaciones diversas, que frecuentemente son observados en sismogramas de explosiones en ambientes submarinos (Gitterman, 1998; Baumgardt, 1995; Baumgardt et al., 2005). Este fenómeno produce una serie completa de ondas armónicas con frecuencias naturales o dominantes (Gitterman, 1998; Willis, 1963; Swisdak, 1978; Cole, 1948)

$$f_b = 0.474(1+n)\frac{(H_d+10)^{5/6}}{W_{TNT}^{1/3}} \quad n = 0, 1, 2, \dots, \infty \tag{3.130}$$

donde H_d es la profundidad de la detonación, W_{TNT} es la carga de explosivo TNT. Con una frecuencia fundamental cuando $n = 0$.

A fin de generalizar la expresión de las frecuencias naturales del efecto de las burbujas para cualquier tipo de explosivo, aplicamos el principio de equivalencia energética

$$W_{TNT} = W\left(\frac{RWS}{115}\right)$$

donde W es la cantidad de explosivo considerado; RWS es la energía relativa en masa (*Relative Weight Strength*) del explosivo con relación al ANFO (ANFO=100). Por lo tanto, la ecuación (3.130) puede ser expresa, finalmente, como

$$f_b = 0.474(1+n)\frac{(H_d+10)^{\frac{5}{6}}}{W^{1/3}}\left(\frac{115}{RWS}\right)^{\frac{1}{3}} \quad n = 0, 1, 2, \dots, \infty \tag{3.131}$$

La mecánica de las detonaciones subacuáticas será objeto del capítulo 5 de este trabajo.

3.6.2 Frecuencias asociadas a los tiempos de retardo

El efecto de los tiempos de retardos aplicados en la secuencia de iniciación de los barrenos también influencia la composición espectral de frecuencias resultantes de las voladuras. Los tiempos aplicados afectarán los intervalos de tiempos de llegada de los pulsos sísmicos generados por cada barreno en un determinado punto de observación y, consecuentemente, la forma como estos pulsos se interfieren entre sí, componiendo una onda bastante compleja. Por otro lado, Dowding (1985) ha constatado en sus investigaciones que las voladuras micro-retardadas con retardos múltiplos con periodos consecutivos proporcionan una mayor amplificación en los espectros de respuesta. Esta evidencia refuerza la importancia que los tiempos aplicados en la voladura tienen sobre los efectos generados.

Conviene, pues, definir los *tiempos de retardos nominales* de los *tiempos de retardos efectivos*. El retardo nominal es el tiempo, en milisegundos, entre la llegada de la señal de iniciación y posterior detonación de la carga primaria presente en la punta del casquillo del detonador. Los tiempos nominales vienen definidos, para los detonadores eléctricos y no-eléctricos, por los fabricantes, y dependen de la cantidad y calidad de la pasta retardadora aplicada. Por otro lado, el tiempo de retardo efectivo es la diferencia de tiempos o desfase temporal entre la llegada de las ondas sísmicas generadas por la detonación de barrenos secuenciados con periodos consecutivos. Además, por tratarse de una pasta retardadora de tipo pirotécnico, los retardos nominales definidos para los detonadores eléctricos y no-eléctricos sufren unas desviaciones de tiempos razonables.

Wiss & Linehan (1980), estudiando los efectos de la dirección de la secuencia de iniciación, tiempos de retardos, geometría del diseño de la voladura y velocidad sísmica del medio, han propuesto la siguiente expresión para la interrelación de estos parámetros en barrenos alineados

$$t_{ef} = t_n - \frac{S \cdot \cos\varphi}{C} \tag{3.132}$$

donde t_{ef} es el tiempo de retardo efectivo; t_n es el tiempo de retardo nominal; S es el espaciamiento entre los barrenos en una misma línea; C es la velocidad de onda sísmica en el medio de propagación; y φ es el ángulo entre la línea de barrenos secuenciados con el punto de observación. Aun en este sentido, Sisking & Kopp (1986) han llevado a cabo investigaciones sobre los efectos de los intervalos de micro-retardos en voladuras de banco en minas de carbón, comprobando los efectos expuestos por Wiss & Linehan.

De la ecuación (3.132), calculamos las frecuencias predominantes asociadas a la secuencia de iniciación micro-retardada, donde los tiempos nominales son regulares y aplicados a barrenos alineados, espaciados por una distancia S, como

$$f_r = \frac{C}{t_n C - S \cdot \cos\varphi} \tag{3.133}$$

donde f_r es la frecuencia predominante del retardo de tiempos.

Generalizando la idea propuesta por Wiss & Linehan (1980) para estimar los desfases temporales de llegada de los pulsos sísmicos de cada barreno a un determinado punto de observación, obtenemos

$$\left(t_{ef}\right)_i = (t_n)_i + \frac{R_o}{C}(\cos\varphi_{i+1} - \cos\varphi_i)\,, \quad i = 1, 2, \ldots, n-1 \tag{3.134}$$

el índice i, indica el paso entre barreno a barreno; R_o es la distancia perpendicular a la recta que conforma la disposición de los barrenos

$$R_o = \frac{\left|\left(\frac{y_2 - y_1}{x_2 - x_1}\right)(E_P - x_1) - (N_P + y_1)\right|}{\sqrt{\left(\frac{y_2 - y_1}{x_2 - x_1}\right)^2 + 1}}$$

donde los pares de coordinadas $(x_2,\ y_1)$ y $(x_2,\ y_2)$, son coordinadas de dos barrenos cualquieras de la línea de barrenos. El ángulo conformado por cada barreno puede ser obtenido directamente por

$$\varphi_i = \arccos\left(\frac{R_i}{R_o}\right)$$

donde R_i es la distancia entre los barrenos y el punto de observación; viene dada por

$$R_i = \sqrt{(E_P - x_i)^2 + (N_P - y_i)^2}$$

la coordinada x_i, y_i es la del barreno estudiado.

De la misma forma, las frecuencias predominantes generadas por una línea de barrenos secuenciada con micro-retardos serian

$$(f_r)_i = \frac{C}{C(t_n)_i + R_o(\cos\varphi_{i+1} - \cos\varphi_i)}, \quad i = 1, 2, \dots, n-1 \tag{3.135}$$

Una consecuencia muy interesante del trabajo de Wiss & Linehan (1980) es la posibilidad de estimar la dirección relativa a la línea de progresión de la detonación, en la cual el desfase temporal de llegadas de los pulsos sísmicos es cero; es decir, la cooperación entre las ondas sísmicas será ser máxima. Esta dirección es aquella que genera un tiempo de retardo efectivo $t_{ef} = 0$, luego

$$\varphi = \arccos\left(\frac{t_n C}{S}\right) \tag{3.136}$$

La ecuación (3.136) puede no presentar solución, en los casos en que la combinación de tiempos nominales, velocidad sísmica y espaciamiento entre barrenos sean tales que no generen superposición exacta de pulsos sísmicos en un determinado punto de observación.

4
ANÁLISIS ESPECTRAL

Medearis (1976) fue uno de los primeros investigadores a demostrar estadísticamente, tras estudiar la respuesta de estructuras sometidas a las vibraciones generadas por voladuras de producción, como las frecuencias contenidas en estas pueden influenciar el nivel de respuesta de las estructuras. Aunque los niveles de potenciales daños son extremamente superiores en terremotos y explosiones nucleares, las técnicas de modelamiento dinámico desarrolladas sobre los mecanismos de respuesta de las estructuras sujetas a estos fenómenos pueden ser aplicadas en el estudio de las voladuras (Sisking et al., 1981).

Muchos autores han demostrado la eficacia de la aplicación de las técnicas de análisis con espectros de respuesta para la comprensión y evaluación del potencial de daño de las vibraciones generadas por eventos sísmicos (Newmark & Hall, 1982; Clough & Penzien, 1995; Dowding, 1985; Chopra, 1995; Gupta, 1990; Medearis, 1976). Por otro lado, todavía, las técnicas de análisis por espectro de respuesta no son prácticas para temas de regulación de voladuras, una vez que son relativamente complejas y requerirían un importante consumo de tiempo de las agencias de regulación para las mediciones y monitoreo (Sisking et al., 1981).

Como ya comentado, cada vez más los trabajos de excavación con el uso de explosivos se acercan a las zonas urbanas, además de muchas veces tener lugar en concomitancia con trabajos de construcciones: sean en proyectos de obras públicas como puertos, esclusas, túneles o carreteras, y/o extracción de agregados en canteras para la construcción civil y en minerías. La problemática de las vibraciones es presente y es factor limitante y condicional para el dimensionamiento de estos trabajos. De esta forma, la comprensión del comportamiento de estructuras bajo los efectos de estas excitaciones sísmicas es el principal problema que trata la dinámica de estructuras. En lo que concierne a la ingeniería estructural, es el comportamiento de las estructuras cuando estas se encuentran sujetas a una excitación sísmica en su base (Chopra, 1995).

4.1 Frecuencias del Espectro de Fourier

El matemático Francés Jean-Baptiste Joseph Fourier ha desarrollado en el siglo 19, en su estudio sobre de la difusión del calor en un cuerpo rectangular infinito, lo que hoy conocemos como transformada de Fourier. Esta extraordinaria herramienta, muy difundida en diversas áreas de la ciencia e ingeniería, es aplicable a cualquier función periódica que bajo ciertas condiciones puede ser expresada como la suma de una serie de senos y cosenos de diferentes amplitudes, frecuencias y fase.

Su aplicación en el estudio de los fenómenos sísmicos generados por la detonación de cargas explosivas en voladuras de roca es de gran importancia, pues la segregación de la complicada y compleja historia temporal del evento sísmico en una suma de series de ondas armónicas simples permite, por el principio de la superposición, encontrar soluciones para la computación de la respuesta total (Kramer, 1996).

4.1.1 Transformada de Fourier

Según lo expuesto por Kramer (1996), desde que una serie de Fourier es sencillamente la suma de funciones armónicas simples, ésta se puede expresar tanto con la notación trigonométrica como la compleja. Así pues, la forma trigonométrica general de la serie de Fourier para un periodo, T, es

$$x(t) = a_0 + \sum_{j=1}^{\infty} \left(a_j \cos \omega_{nj} t + b_j \sin \omega_{nj} t\right) \tag{4.1}$$

donde los coeficientes de Fourier son

$$a_0 = \frac{1}{T} \int_0^T x(t)\, dt \tag{4.2}$$

$$a_j = \frac{2}{T} \int_0^T x(t) \cos \omega_{nj} t\, dt \tag{4.3}$$

$$b_j = \frac{2}{T} \int_0^T x(t) \sin \omega_{nj} t\, dt \tag{4.4}$$

donde ω_n es la frecuencia fundamental de las series armónicas representadas en la sumatoria de la ecuación (4.1) y todas las otras frecuencias son múltiplos enteros j de esta frecuencia

$$\omega_{nj} = \frac{2\pi}{T} j \tag{4.5}$$

El termo a_0 representa el valor medio de $x(t)$ sobre el rango $t = 0$ hasta $t = T$; su valor es $a_0 = 0$ en muchas aplicaciones en la ingeniería sísmica.

La serie de Fourier representa exactamente la función $x(t)$cuando $j = \infty$. Si la serie es truncada en algún valor finito de j, la serie de Fourier solamente se aproxima de la función. Para muchas funciones, sin embargo, la aproximación puede ser muy buena mismo cuando j es relativamente pequeño. Esta característica es frecuentemente usada como ventaja en análisis dinámica de suelos y estructuras

(Kramer, 1996).

Una forma alternativa de expresar la serie de Fourier, combinando las ecuaciones (4.3) y (4.4), es

$$x(t) = c_0 + \sum_{j=1}^{\infty} c_j \sin(\omega_{nj} t + \emptyset_j) \tag{4.6}$$

donde

$$c_0 = a_0 \qquad c_j = \left(a_j{}^2 + b_j{}^2\right)^{1/2} \qquad \emptyset_j = \tan^{-1}(a_j/b_j) \tag{4.7}$$

Cuando escrita de esta forma, c_j y $\emptyset_j$ son las amplitudes y fase, respectivamente, de los j términos armónicos. La representación gráfica de c_j versus ω_{nj} es conocida como *Espectro de Amplitudes de Fourier* así como la representación de $\emptyset_j$ versus ω_{nj} es conocida como *Espectro de Fase de Fourier.*

4.1.1.1 Transformada Discreta de Fourier (DFT) y Transformada Rápida de Fourier (FFT)

No obstante, en términos prácticos, las historias temporales de las velocidades y/o aceleraciones son presentados de forma discreta por un número finito de puntos. En estos casos, los coeficientes de Fourier son obtenidos por sumatorias en lugar de integraciones (Kramer, 1996). La trasformada discreta de Fourier DFT – de las siglas en ingles *Discrete Fourier Transform* – es esencialmente una forma de solucionar la ecuación (4.1) de forma numérica. De forma similar, la transformada discreta inversa de Fourier IDFT (*Inverse Discrete Fourier Transform*) es la solución de la ecuación para el dominio temporal de forma numérica (Thorby, 2008).

Thorby (2008) sintetiza la estructuración de la DFT a partir de las ecuaciones (4.1), (4.3) y (4.4), pero en el formato estándar, el factor 2 que aparece en las últimas dos ecuaciones es omitido. Por consiguiente, primero la ecuación (4.1) es reescrita, cambiando el término j por k, tal que

$$x(t) = a_0 + 2\sum_{k=1}^{\infty}\left(a_k \cos\frac{2\pi}{T}kt + b_k \sin\frac{2\pi}{T}kt\right) \tag{4.8}$$

donde la relación $\omega_{nj} = 2\pi k/T$ es utilizada. Segundo, las ecuaciones (4.3) y (4.4) son

$$a_k = \frac{1}{T}\int_0^T x(t)\cos\frac{2\pi k}{T}t\,dt \tag{4.9}$$

$$b_k = \frac{1}{T}\int_0^T x(t)\sin\frac{2\pi k}{T}t\,dt \tag{4.10}$$

donde para el cómputo de los coeficientes a_k se toma $k = 0, 1, 2, \ldots \infty$ y para el coeficiente b_k se toma $k = 1, 2, \ldots \infty$. Se puede notar que, para que las ecuaciones (4.1), (4.3) y (4.4) sean compatibles con las (4.8), (4.9) y (4.10), los valores de los coeficientes tuvieron que ser reescritos por

$$a_k = \frac{a_j}{2} \qquad\qquad b_k = \frac{b_j}{2} \tag{4.11}$$

El valor de a_0 no sufre cambios y es absorbido por la ecuación (4.11), para un $k = 0$.

Combinando, las ecuaciones de los coeficientes (4.9) y (4.10) en una única ecuación, en notación compleja, obtenemos

$$e^{-i\left(\frac{2\pi k}{T}t\right)} = \cos\left(\frac{2\pi k}{T}t\right) - i\sin\left(\frac{2\pi k}{T}t\right) \tag{4.12}$$

donde podemos escribir la siguiente expresión

$$X_k = \frac{1}{T}\int_0^T x(t)\, e^{-i\left(\frac{2\pi k}{T}t\right)} dt \tag{4.13}$$

Para un dado valor de k, X_k asume el valor del *coeficiente discreto complejo de Fourier*, donde su parte real e imaginaria son a_k y $-b_k$, respectivamente. Luego

$$X_k = a_k - ib_k \tag{4.14}$$

En las historias temporales discretizadas, $x(t)$ asume valores discretos muestreados en iguales intervalos de tiempo, tal que

$$\Delta t = \frac{T}{N} \tag{4.15}$$

donde N es la cantidad total de valores discretos presentes en la función $x(t)$ y T es la longitud total del período que está siendo transformado. Por otro lado, el tiempo t, corresponde a cualquier valor de muestreo, x_j

$$t = j\Delta t \qquad\qquad t = j\frac{T}{N} \tag{4.16}$$

para $j = 0, 1, 2, \ldots, N-1$. La ecuación (4.16) establece una relación entre el tiempo t y el entero j, que es conveniente para calcular los coeficientes por métodos numéricos.

Finalmente, la ecuación (4.13), que es continua, se puede escribir de forma discreta como la sumatoria siguiente

$$X(\omega_{nj}) = \frac{1}{T}\sum_{j=0}^{N-1} x_j\, e^{-i\left(\frac{2\pi k}{T}\right)(j\Delta t)} \Delta t \tag{4.17}$$

o aun, tomando en cuenta la ecuación (4.16)

$$X(\omega_{nj}) = \frac{1}{N}\sum_{j=0}^{N-1} x_j\, e^{-i\left(\frac{2\pi k}{N}j\right)} \tag{4.18}$$

para $k = 0, 1, 2, \ldots, N-1$. Así que la ecuación (4.18) es la DFT de la serie temporal discreta

$$x_j = x_0,\ x_1,\ x_2, \ldots, x_{N-1}$$

Note que la DFT puede ser invertida, o sea, los datos espaciados en intervalos iguales de frecuencia pueden ser expresados como una función del tiempo usando la correspondiente IDFT, que es dada por

$$x(t_j) = \sum_{j=0}^{N-1} X_k \, e^{i\left(\frac{2\pi k}{N} j\right)} \tag{4.19}$$

La DFT fue desarrollada mucho antes de las computadoras modernas y su cálculo, mismo para valores modestos de N, requiere un extremo e intensiva labor si no se dispone de medios computacionales. Con el avance de la tecnología y surgimiento de las computadoras en los años 60, Cooley & Tukey (1965) desarrollaran un algoritmo computacional conocido por FFT, en las siglas en ingles *Fast Fourier Transform*, o transformada rápida de Fourier, que es mucho más eficiente en términos de esfuerzo de cálculo que la DFT.

Para la FFT, la cantidad de datos tienen que ser N tal que sea una potencia de segunda orden, donde realizando repetidas operaciones en grupos que empiezan con un número simple e incrementa en tamaño por el factor de 2 en cada etapa j, $N = 2^j$, donde el tiempo requerido para completar la transformación es proporcional a $N log_2 N$ (Kramer, 1996).

4.2 Sistemas con un Grado de Libertad

Las propiedades físicas esenciales de cualquier sistema dinámico sujeto a una fuente externa de excitación o carga dinámica son su masa, propiedades elásticas (flexibilidad o rigidez) y mecanismos de atenuación de la energía o amortiguamiento. En el caso más sencillo de un sistema de SDOF (siglas en inglés, que significa *single degree of freedom,* que es un grado de libertad), se asume que cada una de sus propiedades están concentradas en un simple elemento físico, como se describe en la figura 4.1 (Clough & Penzien, 1995).

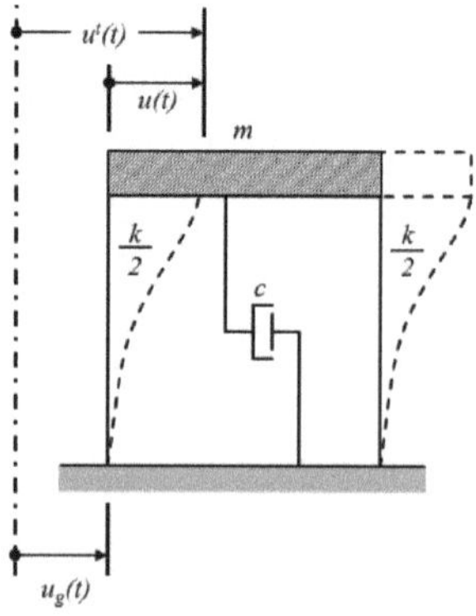

Figura 4.1. Sistema de un grado de libertad (Clough & Penzien, 1995).

Cuando un sistema SDOF – como la presentada en la figura 4.1 – sufre una aceleración en su base debido a la detonación de una carga explosiva, como en el caso de las voladuras, ésta experimenta un desplazamiento relativo, tal que

$$\delta(t) = u_s(t) - u_g(t) \tag{4.20}$$

donde u_g, u_s y δ son los desplazamientos absolutos del suelo/terreno, absoluto de la estructura y relativo entre la estructura y el suelo/terreno, respectivamente. Así, pues, la fuerza elástica actuante en las columnas del sistema es

$$F_k(t) = -k\left[u_s(t) - u_g(t)\right] = -k\delta(t) \tag{4.21}$$

donde k es la rigidez del sistema.

Además, para un sistema con amortiguamiento viscoso lineal, la fuerza de amortiguamiento estará relacionada con las relaciones entre las velocidades absolutas que experimenta el sistema, tal que

$$\dot{\delta}(t) = \dot{u}_s(t) - \dot{u}_g(t) \tag{4.22}$$

donde $\dot{u}_g$, $\dot{u}_s$ y $\dot{\delta}$ son las velocidades absolutas del suelo/terreno, absoluta de la estructura y relativa entre la estructura y el suelo/terreno, respectivamente. Luego

$$F_c(t) = -c\left[\dot{u}_s(t) - \dot{u}_g(t)\right] = -c\dot{\delta}(t) \tag{4.23}$$

Por otro lado, la fuerza externa aplicada al sistema es $F_e(t) = 0$. Luego la fuerza de inercia del sistema está relacionada con la aceleración absoluta $\ddot{u}_s(t)$, tal que

$$\ddot{u}_s(t) = \ddot{\delta}(t) + \ddot{u}_g(t) \tag{4.24}$$

así que la fuerza de inercia actuante en el sistema es

$$F_m(t) = -m\ddot{u}_s(t) = -m\left[\ddot{\delta}(t) + \ddot{u}_g(t)\right] \tag{4.25}$$

Finalmente, recurriendo a las leyes de la mecánica clásica de Newton, tenemos que la sumatoria de las fuerzas actuantes en el sistema tienen que ser cero, luego

$$F_m(t) + F_c(t) + F_k(t) + F_e(t) = 0 \tag{4.26}$$

Sustituyendo las ecuaciones (4.21), (4.22), (4.23) y (4.25) y sabiendo que $F_e(t) = 0$, obtenemos

$$-m\left[\ddot{\delta}(t) + \ddot{u}_g(t)\right] - c\dot{\delta}(t) - k\delta(t) = 0 \tag{4.27}$$

donde, una vez reordenado los términos, llegamos a la conocida ecuación del movimiento dinámico bajo una aceleración en la base

$$m\ddot{\delta}(t) + c\dot{\delta}(t) + k\delta(t) = -m\ddot{u}_g(t) \tag{4.28}$$

4.2.1 Espectro de Respuesta

El espectro de respuesta es definido como una relación gráfica de la máxima respuesta de un sistema elástico de un grado de libertad con amortiguamiento bajo un movimiento dinámico o fuerza (Newmark & Hall, 1982). La figura 4.2 presenta un típico ejemplo de un espectro de respuesta oriunda de una voladura con carga máxima de 19.19kg, disparada a una distancia de 68.3m.

Según lo expuesto por Clough & Penzien (1995) y Kramer (1996), una función arbitraria de carga efectiva $p_{ef}(t)$ puede ser pensada como un tren de pulsos de carga, cada una de duración infinitesimal. Al analizar uno de estos pulsos, más precisamente un pulso de duración $d\tau$ que ocurre en $t = \tau$, que implica un $p_{ef}(\tau)$, se obtiene que la respuesta que éste causa, pasado un tiempo tal que $t \geq \tau$, sigue la siguiente ecuación

$$d\delta(t) = e^{-\xi\omega_n(t-\tau)} \frac{p_{ef}(\tau)\, d\tau}{m\omega_d} \sin[\omega_d(t-\tau)] \tag{4.29}$$

La respuesta inducida por todo el tren de pulso de cargas puede ser obtenida por la suma de las respuestas de todos los pulsos individuales con tiempo superior $t \geq \tau$, o sea

$$\delta(t) = \frac{1}{m\omega_d} \sum_{i=1}^{n} p_{ef}(\tau_i) \sin[\omega_d(t-\tau_i)]\, d\tau \tag{4.30}$$

donde n es el número total de pulsos tal que $t \geq \tau$.

Como $d\tau$ es aproximadamente cero, la sumatoria de todas las respuestas diferenciales, desarrollada en la historia temporal de la carga efectiva $p_{ef}(t)$, se transforma en una integral conocida por la *integral de Duhamel*, que desde de la cual se puede calcular la respuesta total del sistema elástico lineal, a través de la ecuación

$$\delta(t) = \frac{1}{m\omega_d} \int_0^t p_{ef}(\tau)\, e^{-\xi\omega_n(t-\tau)} \sin[\omega_d(t-\tau)]\, d\tau \tag{4.31}$$

donde m es la masa del sistema; $\omega_n$es la frecuencia circular natural del sistema; ω_d es la frecuencia circular amortiguada; ξ es el amortiguamiento crítico de la estructura; t es el intervalo de tiempo; τ es la constante de tiempo de la integración.

Así pues, la respuesta del desplazamiento relativo de una estructura simple – como en el caso del SDOF de la figura 4.1 – cuando esta se encuentra bajo una carga efectiva $p_{ef}(\tau)$, puede ser expresa en el dominio del tiempo por medio de la *integral de Duhamel.*

Cuando la carga efectiva que actúa en la estructura es una historia temporal de aceleración del suelo $p_{ef}(\tau) = -m\ddot{u}(\tau)$, como en el caso de las voladuras de roca, la ecuación (4.31) toma la forma

$$\delta(t) = -\frac{1}{\omega_d} \int_0^t \ddot{u}(\tau)\, e^{-\xi\omega_n(t-\tau)} \sin[\omega_d(t-\tau)]\, d\tau \tag{4.32}$$

donde δ y $\dot{\delta}$ son ceros en el tiempo $t = 0$ (Veletsos & Newmark, 1964).

En el caso de que las condiciones iniciadas sean distintas de cero, la correspondiente respuesta de sistemas en vibración libre (Clough & Penzien, 1995) tiene que ser añadida a la ecuación (4.32), luego

$$\delta(t) = e^{-\xi\omega_n t}\,\delta(t_0)\cos\omega_d t + e^{-\xi\omega_n t}\left(\frac{\dot{\delta}(t_0) + \delta(t_0)\xi\omega_n}{\omega_d}\right)\sin\omega_d t \qquad (4.33)$$

donde la frecuencia circular amortiguada es $\omega_d = \omega_n\sqrt{1-\xi^2}$.

La única limitación en su aplicación es que la respuesta tiene que ser elástica-linear, porque la respuesta linear es inherente a la *integral de Duhamel* (Clough & Penzien, 1995).

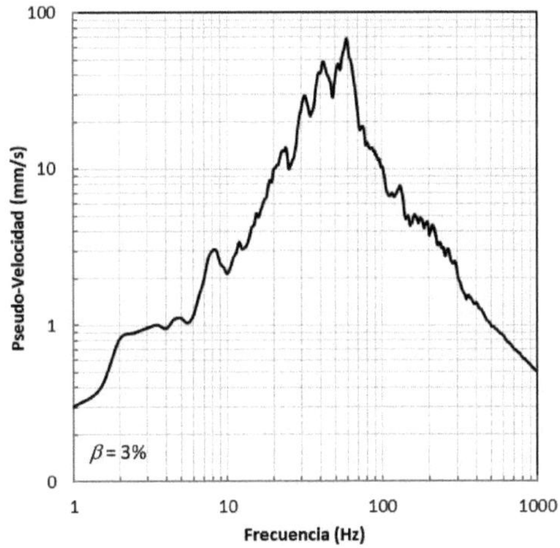

Figura 4.2. Típico espectro de respuesta de voladuras. Resultante de una voladura con carga máxima de 19.19kg, a una distancia de 68.3m.

5
MECÁNICA DE LAS VOLADURAS SUBACUÁTICAS

La necesidad de realizar obras de profundización en los puertos, canales de navegación y esclusas, entre otras obras de carácter subacuático, es una tendencia en todos los cinco continentes. El aumento del tamaño de los buques y barcos – que hasta hace pocos años eran diseñados de acuerdo con el Canal de Panamá –, asociados a la nueva demanda mundial por crecimiento económico, definen el grado del dimensionamiento que se debe aplicar a estas necesidades. Este es el palco donde los trabajos de excavación de roca, con el uso de técnicas modernas de voladuras, viene ganando cada vez más espacio entre las opciones técnicas disponibles.

La voladura subacuática es una técnica de excavación de roca en el cual se aprovecha la gran energía termoquímica generada por la detonación de una carga explosiva – que es la energía de menor coste en la cadena energética que compone los procesos de excavación – para fragmentar el macizo rocoso a un nivel de fragmentación tal que el dragado de estos materiales sea lo más económico posible.

Sin embargo, la gran mayoría de las obras en que se aplican voladuras subacuáticas están muy cercanas a estructuras consideradas sensibles, como son los muelles, barcos, instalaciones portuarias en general y, en muchas situaciones, zonas completamente urbanizadas. Esto hace que las implicaciones asociadas a los efectos medioambientales – como vibraciones y sobrepresión atmosférica – sean, además de importantes, investigadas y controladas. Además, en voladuras submarinas, las vibraciones pueden ser potencialmente mayores, una vez que existe la combinación o cooperación entre las ondas que se propagan por la roca y las ondas de choque hidráulicas, que se propagan por el medio acuático.

Por lo tanto, el entendimiento de los fenómenos sísmicos asociados a las voladuras, especialmente subacuáticas, se torna una de las columnas primordiales para el éxito de estos proyectos de dragado.

5.1 La Detonación Subacuática de Cargas Explosivas

La mayor diferencia que se puede encontrar al estudiar los fenómenos generados por detonaciones de cargas explosivas en ambientes subacuáticos – en confrontación a los realizados en la superficie – es la presencia y propiedades intrínsecas del agua (Keevin & Hempen, 1997). Aunque la idea común es que el agua sea un fluido incompresible, la verdad es que, por presentar un módulo de compresibilidad finito, la cantidad de compresión que admite es muy pequeña (Halliday et al., 1993); además, el módulo de elasticidad del agua no es tan grande como en los que encontramos en medios sólidos – como en rocas y suelos – y, por su naturaleza fluida, no admiten la propagación de ondas de corte (Keevin, 1997).

La velocidad de la onda acústica en el medio acuático varía de acuerdo con la temperatura, salinidad y profundidad. Teniendo en cuenta estos parámetros, Medwin (1975) ha propuesto la siguiente expresión para la velocidad acústica del agua

$$C_w = 1449.2 + 4.6T - 0.055T^2 + \frac{0.29}{1000}T^3 + (1.34 - 0.01T)(S - 35) + 0.016d_w \quad (5.1)$$

donde d_w es la profundidad (m); T es la temperatura en grados Celsius; y S es la salinidad en partes por millón (ppm). La ecuación es válida para $0\,m < d_w < 1000m$; $0\,ppt < S < 45\,ppt$; $0 < T < 35$.

Robert H. Cole (1948) en su famosa publicación "*Underwater Explosion*", ha tratado con mucha profundidad los temas y fenómenos asociados a las explosiones subacuáticas. De hecho, es unas de las publicaciones más relevantes en el área. Además de Cole, en trabajos publicados por Hubbs & Richnitzer (1952), Arons (1954) y Swisdak (1978) se pueden encontrar, además de la descripción de sus experimentos, datos obtenidos de sus investigaciones y la consecuente calibración de modelos empíricos de predicción de la atenuación de los picos de las ondas hidrodinámicas con la distancia y tiempo.

El esfuerzo de estos investigadores es fundamental para la comprensión de los mecanismos asociados a las voladuras subacuáticas, aunque los objetivos de la gran mayoría las detonaciones estudiadas por estos investigadores fuesen direccionados a la aplicación militar de cargas explosivas. Haciendo una analogía a la aplicación civil, especialmente en el campo de las voladuras submarinas, existen básicamente dos tipos de detonaciones subacuáticas:

(i) las de carga no confinada o libres (voladuras con cargas huecas); y

(ii) cargas confinas en barrenos perforados en la de roca.

Ambos tipos proporcionan diferentes efectos cuanto a los fenómenos observados y, consecuentemente, al potencial de daño que pueden causar a estructuras sumergidas, a la fauna marina y, incluso, a estructuras instaladas en tierra. Sin embargo, ambos tipos de detonación se manifiestan bajo una combinación de factores – objetivos de las detonaciones, la detonación de la carga explosiva en sí misma, medios de propagación, límites medioambientales – que condicionan los efectos generados.

5.1.1 Detonación No-Confinada o Libre

La gran energía liberada durante la detonación de cargas explosivas no confinadas en ambientes subacuáticos genera, entre otros fenómenos, una poderosa onda de choque compresiva que se transmite parcialmente al medio acuático alrededor del explosivo. Estas ondas de choque hidrodinámicas son convertidas rápidamente en energía potencial de compresión y energía cinética del movimiento hacia el exterior del medio acuático (Kramer et al., 1968), propagándose en un patrón esférico a altas presiones y velocidad, que se atenúan potencialmente a la medida en que se alejan del punto de detonación.

Las ondas de choque hidrodinámicas son seguidas por una violenta expansión gaseosa formada por los productos de la detonación y vapor de agua, que se expanden y se comprimen, pulsando en periodos de tiempos relativamente largos, mientras migran hacia a la superficie del medio acuático (Mellor, 1986). Estas burbujas de gases son inicialmente pequeñas, caracterizada por grandes temperaturas y presiones; no obstante, a la medida que se expanden contra la presión hidrostática, las temperaturas y presiones disminuyen.

5.1.1.1 Pico de las Ondas de presión

El uso de las distancias escalonadas también se aplica al estudio de la atenuación de los picos de presión hidrodinámica. Sin embargo, se utiliza la *distancia escalonada cúbica*, por considerar la naturaleza de la propagación de las ondas dominadas por una geometría esférica. Así, pues, la expresión general que relaciona la distancia radial (desde el punto de detonación hasta el punto de observación), la carga de explosivo utilizado y, finalmente, el pico de la onda de choque hidrodinámica es

$$P_H = K\left[\frac{R}{W^{1/3}}\right]^{\alpha} \tag{5.2}$$

Cole (1948), Arons (1954) y Swisdak (1978), entre otros han obtenido constantes similares relativas a las detonaciones de cargas explosivas de TNT no confinadas en ambiente subacuático en aguas profundas

$$P_H = 52.4\left[\frac{R}{W_{TNT}^{1/3}}\right]^{-1.13} \tag{5.3}$$

donde P_H es el pico de las ondas de choque hidrodinámica (MPa); R es la distancia entre la carga y el punto de observación en el agua (m); y W_{TNT} es la carga de TNT detonada (kg).

Se observa, por lo demás, que, a una dada distancia, las amplitudes de las ondas de choque hidrodinámicas son mucho mayores a las que se podrían dar en el aire; además, la atenuación con la distancia de los picos de estas presiones es más gradual en el agua que en el ambiente atmosférico (Mellor, 1986).

Como la ecuación (5.3) fue desarrollada para estimar el pico de las ondas de choque para cargas explosivas del tipo TNT, hay la necesidad o interés de generalizarla para cualquier tipo de explosivo. De esta forma, aplicando el principio de equivalencia energética

$$W_{TNT} = W\left(\frac{RWS}{115}\right)$$

generalizamos la expresión de las presiones hidrodinámicas para cualquier tipo de explosivo. Luego, se permite obtener que

$$P_H = 52.4\left[\frac{R}{W^{1/3}}\left(\frac{115}{RWS}\right)^{1/3}\right]^{-1.13} \tag{5.4}$$

donde W es la cantidad de explosivo considerado; RWS es la energía relativa en masa (*Relative Weight Strength*) del explosivo en relación al ANFO (ANFO=100).

No obstante, Mellor (1986) advierte que la ecuación (5.3) se aplica a la predicción de ondas de choque hidrodinámicas en aguas profundas, aunque es posible utilizarla para estimar los picos incidentes de las ondas de choque en aguas poco profundas – considerando que no existan interferencias por reflexiones en la interfaz agua-aire, reverberaciones con el fondo del ambiente subacuático o paredes verticales.

5.1.2 Detonación Confinada

Las técnicas más modernas de voladuras subacuáticas requieren la aplicación de cargas explosivas confinadas en barrenos perforados en el macizo rocoso, con el objetivo de propiciar un satisfactorio proceso de fragmentación de la roca. En consecuencia, la generación de ondas de choque hidrodinámicas con propiedades distintas de las observadas en las detonaciones no confinadas o libres toma lugar entre los fenómenos observados.

Según Oriard (2002), los principales factores que influencian las ondas de choque hidrodinámicas generadas por cargas confinadas son: (i) tamaño de la carga; (ii) profundidad de la carga y material que la confina; (iii) geometría y sistema de iniciación de la voladura; (iv) propiedades fisicoquímicas del explosivo; (v) la forma geométrica de las cargas explosivas; (vi) sistemas y materiales de mitigación utilizados – cortina de burbujas, entre otros.

Las ondas de choques hidráulicas u hidrodinámicas sufren importantes modificaciones cuando cargas confinadas en barrenos – en comparación con cargas no confinadas o libres – son detonadas en un ambiente subacuático, tanto en términos de intensidad cuanto de carácter. Baxter (1982), estudiando los trabajos publicados por Hubbs & Richnitzer (1952) y los efectos de las detonaciones subacuáticas de cargas confinadas en los organismos biológicos marinos, ha afirmado que la atenuación de los picos de las ondas de choque hidráulica es aproximadamente el doble de aquella observada en detonaciones no confinadas o libres. Gil'manov (1984) ha llegado a la misma conclusión, observando que el coeficiente de atenuación seria mayor en ondas hidrodinámicas generadas por cargas confinadas. Hallazgo similar han obtenido Nedwell & Thandavamoorthy (1989), que concluyeron que la duración de las ondas hidrodinámicas generadas por cargas confinadas en barrenos se incrementa de forma significativa cuando comparadas con su carga equivalente suspensa, además de presentar importantes reducciones en los picos de la presión hidrodinámica, comportamiento también confirmado por Oriard (2002).

Existen básicamente dos mecanismos de transmisión de las ondas de choque generadas por la detonación de cargas explosivas confinadas en barrenos: (i) a través de la transmisión de las ondas que se propagan desde el medio rocoso hacia el medio acuático; y (ii) a través de la transmisión de energía por la zona del retacado.

En el primero mecanismo de transmisión, una parcela de la energía es transmitida al medio acuático en forma de ondas compresivas y una otra es reflejada hacia el macizo rocoso como ondas de tracción. A la medida que se incrementa la distancia desde de la carga explosiva – incrementando el ángulo de incidencia – la cantidad de energía que se transmite al medio acuático disminuye. Por otro lado, como la iniciación de la carga explosiva se da normalmente en el fondo del barreno (cebado en fondo), la dirección de las ondas de choque transmitidas a la roca se inclina a obtener ángulos de incidencia mayores en las cercanías de la columna de explosivo, promoviendo que la superficie inmediatamente superpuesta al barreno, donde la incidencia de las ondas de choque es casi vertical, reciba una mayor parcela de energía transmitida.

Es evidente que la parcela de energía que se trasmite a el agua depende, además de las propiedades elásticas/acústicas de los medios, del ángulo de incidencia de las ondas de choque que se propagan desde del medio rocoso (Oriard, 2002). Oriard (1983) expone las relaciones de energías para distintos ángulos de incidencia de una onda compresiva que se propaga desde un medio rocoso hacia un medio acuático. Según los datos presentados por Oriard, a partir de ángulos mayores que 23°, la razón de energía de las ondas P transmitida supera a de las ondas P reflejada. Sin embargo, la parcela de energía que lleva las ondas S reflejada es significativamente superior a las que llevan las ondas P reflejadas. Por otro lado, la energía transmitida al medio acuático en forma de ondas compresivas se atenúa de forma consistente hasta los 84° y luego de disipa rápidamente.

En rocas competentes, como son los basaltos y granitos, el grado de transmisión de energía de las ondas que se propagan desde el medio rocoso para el acuático, en el caso de que las ondas incidieran perpendicularmente a la superficie de interfaz, serían alrededor de los 31.6% - 35.6%, que representaría el máximo de energía transmitida al medio acuático. Además, la columna de agua actúa como una guía para las ondas que se propagan dentro de la capa acuática, cuando los ángulos de incidencia son mayores que los de refracción, mientras que continúan a recibir energía desde medio sólido (Keevin & Hempen, 1997).

El segundo mecanismo de transmisión de las ondas de choque está relacionado con la transmisión de energía por la zona del retacado. Esta transmisión puede pasar a través de dos formas: (i) transmisión de las ondas de choque de la detonación en barrenos con material y/o longitud de retacado débil o, incluso, sin material de retacado; (ii) escape prematuro de los gases generados por la detonación.

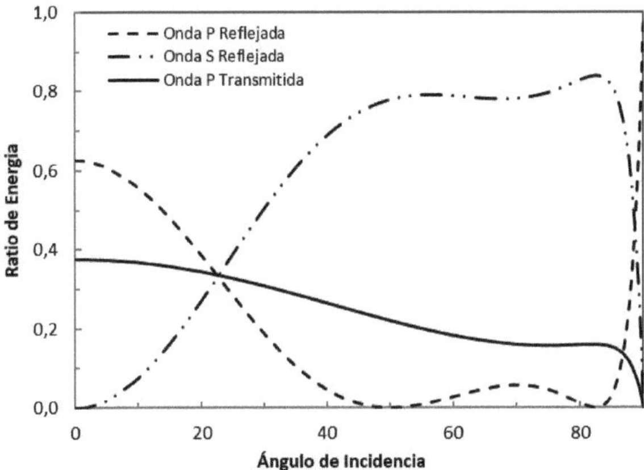

Figura 5.1. Efectos de transmisión y reflexión de Ondas P propagándose desde un medio rocoso (ρ_r = 1000 kg/m^3, C_p = 4500 m/s, C_s = 2647m/s) a un medio acuático (ρ_w = 1000 kg/m^3, C_w = 1475 m/s).

En los casos en que no se utilizan material de retacado para confinar las cargas explosivas en el barreno, la transmisión de la energía seria realizada directamente a través del contacto del explosivo y el agua, canalizada por el emboquille del barreno. Los niveles de transmisión de energía en este caso podrían perfectamente redondear los 58.7% a 63.9%, considerando explosivos comerciales tipo hidrogeles o emulsiones. Por otro lado, para el caso del uso de material inapropiado o longitud insuficiente, los niveles de transmisión de energía, por si tratar de un material saturado, se daría en condiciones razonables de transmisión.

Los gases actuantes en la fase semi-estática de una detonación subacuática – con cargas confinadas en barrenos – se expanden violentamente promoviendo la ampliación de las grietas naturales y fracturas generadas en el macizo rocoso durante la fase dinámica y, además, acelerando la masa de roca hacia la dirección de menor resistencia. El trabajo necesario para consumar estos eventos significa que poco queda de la energía de estos gases para promover la oscilación de las burbujas en la columna de agua. Es decir, las *burbujas de gases* que tradicionalmente se siguen tras una detonación subacuática de cargas no confinadas no están, o por lo menos, no de manera efectiva, presentes entre los fenómenos observados en la detonación de cargas confinadas en barrenos.

Otra consecuencia de llevar a cabo una detonación sin utilizar el material de retacado, o cuando su dimensionamiento está inadecuadamente diseñado en una menor longitud de lo ideal, es el escape prematuro de los gases para el medio acuático, haciendo, además, que se reduzcan los beneficios aportados por la fase semi-estática – fragmentación y desplazamiento del material – y que se incrementen la transmisión de energía a la columna de agua. En estos casos, una nube de burbujas de gases se desprendería del barreno detonado, migrando en forma de pulsos hacia a la superficie y, eventualmente, colapsando a lo largo de la columna de agua, radiando pulsos de ondas acústicas. A la diferencia de las burbujas de gases generadas por las detonaciones no confinadas, es que, en estas, los gases están concentrados en una menor y más deforme burbuja. Por otro lado, las burbujas que se encuentran en las detonaciones de cargas confinadas, está constituida por una nube de burbujas menores, que individuamente transportan una menor cantidad de energía, disminuyendo su influencia en los fenómenos sísmicos observados, principalmente cuanto a los pulsos de presión por el eventual colapso de sus burbujas. El escape de los gases después de la detonación de cargas confinadas puede tardar varios minutos, hasta que todos los gases desarrollados por la detonación de una voladura migren para la atmosfera.

Por lo tanto, el retacado es un parámetro muy importante en voladuras submarinas, tanto para evitar la transmisión directa de la energía de choque y gas para el agua como para aprovechar los beneficios que aportan los mecanismos asociados a la fase semi-estática. Durante los trabajos de excavación con voladuras subacuáticas para el ensanche y profundización de la entrada sur del pacífico para la construcción del tercer juego de esclusas del Canal de Panamá, se observó el efecto del retacado como medida de control de las componentes de bajas frecuencias y de los niveles de la onda de choque hidrodinámica (López Cano et al., 2011). Voladuras subacuáticas con cargas explosivas confinadas en barrenos, con longitudes de retacado ideales, tienden a presentar unas frecuencias similares a las que normalmente se encuentran en voladuras de superficie. Trabajos realizados por los investigadores Nedwell & Thandavamoorthy (1989) confirman tal observación.

5.1.2.1 Pico de la Presión Hidrodinámica en Detonaciones de Cargas Confinadas en Barrenos

Gil'manov (1984) ha conducido una serie de investigaciones sobre los efectos de las ondas de choque hidrodinámicas generadas por cargas explosivas confinadas en barrenos en escala experimental, disparando barrenos confinados en bloques de hormigón y luego comprobando los resultados durante voladuras subacuáticas de producción para los trabajos de dragado en el rio Oka, afluente del Volga, en Rusia. Importantes conclusiones son presentadas en su trabajo:

(i) Gil'manov ha realizado mediciones de los picos de las ondas hidrodinámicas generadas por cargas confinadas en distintas longitudes y diámetros; además de cargados hasta el emboquille de los barrenos. Tras analizar los datos, ha concluido que los picos de las ondas hidrodinámicas son dependientes de la relación entre la longitud de carga y diámetro del barreno. Además, ha observado un rápido incremento de las presiones entre las relaciones menores que 5 y luego, a partir de 6, se mantienen prácticamente constantes.

Así, pues, las ondas hidrodinámicas son influenciadas solamente por una porción de la carga confinada y no por toda la carga del barreno. Esto significa que solamente la porción más próxima de la superficie de la roca contribuirá para la intensidad de las presiones hidrodinámicas. Según Gil'manov, la porción de la carga que afecta a las presiones es proporcional a una longitud de 5 veces el diámetro de la carga. Definiendo, así, pues, lo que sería la carga efectiva que contribuye a la generación de los picos de presión hidrodinámicos como

$$W_{ef} = 5W\left(\frac{D_C}{L_C}\right) \tag{5.5}$$

donde W_{ef} es la carga efectiva; W es la carga total del barreno; D_C es el diámetro de la carga; L_C es la longitud del barreno.

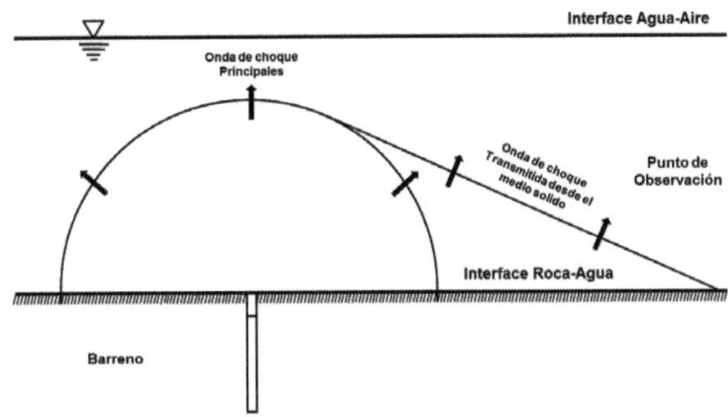

Figura 5.2. Idealización de los frentes de ondas hidrodinámicas de Gil'manov (1984). Las ondas transmitidas al medio acuático a través del medio sólido rocoso llegarían primero en el punto de observación debido a los medios solidos presentar velocidades sísmicas mayores.

(ii) Se presentan datos, además, del efecto del ángulo entre el eje de la columna de la carga explosiva frente a la dirección del punto de observación, como representado en la figura 5.2. Los picos de presión se atenúan de forma suave hasta unos 40 grados y luego disminuyen rápidamente. Esta conclusión hace sentido si consideramos que la mayor parcela de energía transmitida al medio acuático proviene justamente a la zona localizada alrededor de la zona del retacado y la porción superior de la carga. Powell (1995), combinando las expresiones empíricas de Arons (1954) con la teoría de los rayos, ha propuesto conclusiones semejantes.

(iii) Otra importante conclusión presentada en su trabajo es la del efecto que genera la longitud del retacado sobre los picos de presión de las ondas hidrodinámicas. Gil'manov ha observado (figura 5.3) que las presiones hidrodinámicas disminuyen a la medida que se incrementa la longitud del retacado frente al diámetro de la carga, cuando comparado los barrenos cargados y retacados contra aquellos cargados hasta el emboquille del barreno, para la misma masa de explosivo.

Realizando un ajuste polinomial de segundo orden sobre los coeficientes de reducción de las presiones hidrodinámicas de Gil'manov (1984), obtenemos la siguiente ecuación

$$G_{at} = -1.063\left(\frac{L_T}{D}\right) + 0.003\left(\frac{L_T}{D}\right)^2 + 0.996 \tag{5.6}$$

donde L_T es la longitud de retacado; y D es el diámetro de la carga.

Gil'manov (1984) propone la siguiente fórmula para estimar los picos de la presión hidrodinámicas generadas por cargas confinadas en barrenos

$$P_{HC} = 70G_{at}\left[\frac{R}{W_{ef}^{1/3}}\right]^{-2.0} \tag{5.7}$$

Que, al combinar con las ecuaciones (5.5) y (5.7), generalizando para cualquier tipo de explosivo, suponiendo que la expresión de Gil'manov se refiere a la TNT, obtenemos

$$P_{HC} = 70\ G_{at}\left[\frac{R}{W^{1/3}}\right]^{-2.0}\left(\frac{L_C}{5D_C}\frac{115}{RWS}\right)^{-2/3} \tag{5.8}$$

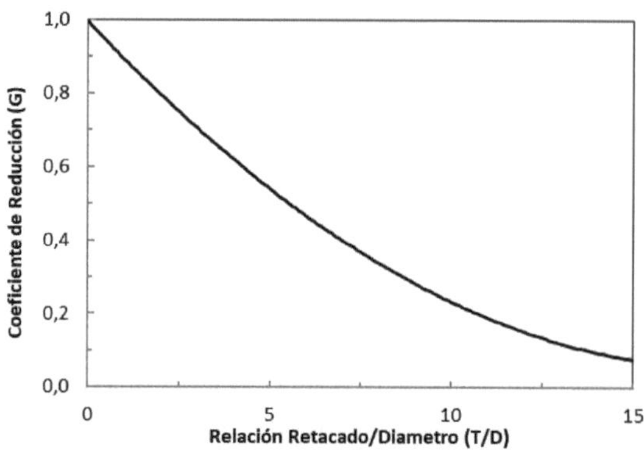

Figura 5.3. Coeficientes de Reducción de los picos de presiones hidrodinámicos del Gil'manov. Los coeficientes disminuyen en función del aumento de la longitud relativa del retacado frente diámetro de la carga (Gil'manov, 1984).

Powell (1995), por otro lado, estudiando las ondas hidrodinámicas de cargas confinadas en la estructura de una plataforma petrolera enterrada en sedimentos y combinando la expresión empírica de Arons (1954) con la teoría de los rayos, llega a la siguiente expresión

$$P_{HC} = 52.4\left[\frac{R}{W^{1/3}}\right]^{-\varepsilon}\left[\frac{(a+b)}{b}\right]^{\varepsilon-\alpha} \tag{5.9}$$

donde R es la distancia de la carga hasta el punto de observación; W es la carga de explosivo utilizada; a es la distancia vertical desde de la carga hasta el fondo, o sea, el emboquille del barreno; b es la distancia vertical del fondo o del emboquille hasta el fondo de la carga; ε es el coeficiente de atenuación del material del fondo del ambiente subacuático (Connor (1990), en voladuras de producción en sedimentos compactos, obtiene $\varepsilon = 1.99$); y α es la atenuación de los picos de presión en el medio acuático (Arons (1954), en cargas no confinadas, $\alpha = 1.13$).

Ampliando la expresión propuesta por Powell (1995) para cualquier tipo de explosivo, obtenemos que

$$P_{HC} = 52.4\left[\frac{R}{W^{1/3}}\left(\frac{115}{RWS}\right)^{1/3}\right]^{-\varepsilon}\left[\frac{(a+b)}{b}\right]^{\varepsilon-\alpha} \qquad (5.10)$$

Se observa desde de la ecuación propuesta por Powell (1995), que cuando el factor de atenuación ε tiende a α, la expresión se convierte en la conocida forma para cargas no confinadas. Esto significa que voladuras de roca cubiertas con sedimentos de muy baja densidad – con cargas explosivas alocadas parcialmente en la zona de sedimentos – las ondas de choque hidrodinámicas pueden presentar picos de presión semejantes a las de cargas no confinadas. Evidencias de este comportamiento son observados en los datos estudiados durante los trabajos de remoción de una plataforma petrolera en el Golfo de México (Nedwell et al., 2001). Además, la estimación del coeficiente de atenuación para el medio que contiene la carga explosiva basada en los datos de Connor (1990) $\varepsilon = 1.99$ es similar a la propuesta por Gil'manov $\varepsilon = 2.0$.

Hubbs & Rechnitzer (1952) han obtenido coeficientes de atenuación para los picos de presión de las ondas hidrodinámicas confinadas en barrenos de orden de 2.6. En los trabajos de excavación de margas muy consolidadas con voladuras, que permitieron abrir camino para el transporte de un dique flotante desde España para el principado de Mónaco, Espinosa & Pascual (2003) obtuvieron mediciones de las presiones hidrodinámicas generadas por cargas confinadas en barrenos, y tras el análisis de los datos observaron factores de atenuación de 1.81. Por otro lado, Baxter et al. (1982) han llegado a la conclusión que el coeficiente de atenuación para cargas confinadas es casi el doble de las observadas en detonaciones de cargas suspensas, que sería, por lo tanto, considerando cualquier tipo de explosivo, la siguiente

$$P_{HC} = 52.4\left[\frac{R}{W^{1/3}}\left(\frac{115}{RWS}\right)^{1/3}\right]^{-2.26} \qquad (5.11)$$

Además, revisando el trabajo realizado por Hubbs & Rechnitzer (1952), Baxter et al. (1982) han observado que los picos de presión registrados en la zona cercana a la carga confinada superaban a de su equivalente no confinada en el orden de 7 veces su valor. Esta observación lo ha llevado a creer que los picos de presión en la zona inmediatamente superior a la carga confinada, podría generar picos de presión poderosos que se atenuarían muy rápidamente. Munday et al. (1986) también han observado fenómenos similares durante el análisis de los datos colectados durante las obras de construcción del puerto de Vancouver, Canadá, aunque ha puesto en duda la fiabilidad de los datos colectados durante los trabajos de perforación.

5.2 Ondas de Choque en una Detonación Subacuática

En aguas profundas, la presión detrás del frente de choque de las ondas hidrodinámicas se atenúa con el tiempo de forma casi exponencial (Cole, 1948; Swisdak, 1978; Mellor, 1986). Sin embargo, en los datos experimentales presentados por Cole (1948), se observa, en el final de la cola de la curva de atenuación de la presión con el tiempo, la presencia de una pequeña subida en la presión probablemente por las reflexiones dentro de la fuente de la explosión, debido al tamaño y tiempo finito de la detonación (Mellor, 1986). La duración de la fase positiva a una dada distancia de la carga puede ser caracterizada por la constante de tiempo θ, que es definida como el tiempo en que las ondas de choque hidrodinámicas toman para atenuar $1/\theta$ o 37% del pico de presión inicial. Luego

$$P(t) = P_H e^{-\left(\frac{t-t_a}{\theta}\right)} \tag{5.12}$$

donde t es el tiempo transcurrido; y t_a es el tiempo de llegada de la onda.

No obstante, la constante de tiempo en realidad no es una constante, pues depende de la distancia del punto de observación y de la masa de la carga detonada. Según Mellor (1986), aplicando el principio de la similitud, se puede relacionar la distancia escalonada con la constante de tiempo. Luego, aplicando además el principio de la equivalencia energética, obtenemos que

$$\theta = K\ W^{1/3}\left[\frac{R}{W^{1/3}}\right]^{\beta}\left(\frac{RWS}{115}\right)^{\frac{1-\beta}{3}} \tag{5.13}$$

donde θ es la constante de tiempo en milisegundos; K y β son constantes que caracterizan el explosivo y la condición de la detonación; R es la distancia (m); y W es la carga de explosivo (kg).

Aplicando las constantes obtenidas por Swisdak (1978) para el caso de detonaciones subacuáticas de explosivo tipo TNT no confinadas, llegamos

$$\theta = 0.084\ W^{1/3}\left[\frac{R}{W^{1/3}}\right]^{0.23}\left(\frac{RWS}{115}\right)^{0.257} \tag{5.14}$$

Oriard (2002), Gil'manov (1983), Munday et al. (1986), Powell (1995), Nedwell & Thandavamoorthy (1989) entre otros autores, confirman que las detonaciones subacuáticas de cargas explosivas confinadas proporcionan, entre otros fenómenos, un incremento en la duración de las ondas hidrodinámicas. Es de esperarse, por lo tanto, que la constante $\beta = 0.23$ también se incremente alrededor del doble, o sea 0.46.

Por otro lado, cuando se desea estudiar la variación de la presión de ondas hidrodinámicas con el tiempo en ambientes de aguas poco profundas, hay que considerar que las múltiples reflexiones en la interfaz agua-aire, reverberaciones en el fondo del ambiente acuático, reflexiones en estructuras submarinas, entre otros, afecten la composición final de señal en determinado punto. Así, pues, la aplicación de la ecuación (5.12) está limitada hasta el tiempo t_c, que es el tiempo de corte por la reflexión de las ondas incidentes en la superficie definida por el agua-aire.

5.2.1 Efectos de las ondas de hidrodinámicas

Una de las características más obvias y espectaculares de las explosiones subacuáticas son las perturbaciones generadas en la superficie del agua localizado verticalmente sobre las cargas (Cole, 1948). En un ambiente acuático de aguas poco profundas, la historia temporal que componen las ondas de choque hidrodinámicas observadas en un determinado punto, distante de la carga, es resultado de la superposición de una compleja combinación de ondas reflejadas y transmitidas entre los medios involucrados. Sin embargo, se puede idealizar este fenómeno como la combinación de cuatro tipos de ondas superpuestas (figura 5.4), que serían:

(i) Las ondas hidrodinámicas principales que se propagan esféricamente a través del medio acuático. Es descrita como una historia temporal de presiones atenuada exponencialmente;

(ii) Las ondas principales inciden en la interfaz definida por los medios agua-aire, reflejándose en forma de ondas de rarefacción o tracción. Estas ondas de rarefacción, que se propagan de vuelta hacia en medio acuático, pueden ser idealizadas como si existiera un punto virtual de carga espejado por encima de la superficie del agua (Mellor, 1986). Estas ondas de rarefacción, por lo tanto, se propagan interfiriendo en las presiones que se siguen tras el paso de las ondas de choque incidentes, determinándose por sumas algébricas, las amplitudes resultantes de la interferencia de las ondas incidentes y reflejadas.

(iii) Las ondas de choque generadas por la detonación y/o las ondas de rarefacción eventualmente incidirán en el medio sólido compuesto del fondo del ambiente subacuático, generando reflexiones o reverberaciones en el ambiente acuático y transmitiendo, además, energía para el medio sólido en el fondo del ambiente subacuático. En voladuras de cargas confinadas en barrenos, es más probable que ocurran la transmisión de energía por la incidencia de ondas de rarefacción.

(iv) Finalmente, las ondas transmitidas desde del medio sólido, que constituye el fondo del ambiente subacuático, para el medio acuático. En cargas no confinadas, las ondas que se propagan en el medio sólido provienen de la incidencia de las ondas de choque principales, que anteriormente ya habían transmitido energía para el medio sólido. Por otro lado, en voladuras de cargas confinadas en barrenos, una porción de energía es transmitida directamente desde el explosivo para la roca, que eventualmente se transmitirá al medio acuático.

La historia temporal resultante de la interferencia de estas cuatro ondas será la superposición algébrica de las historias y fases de cada una de ellas.

En la figura 5.4 se puede visualizar una idealización de la superposición de las ondas generadas por cargas confinadas en barrenos. Por lo general, las ondas transmitidas desde el medio sólido al medio acuático son las primeras que llegan al punto de observación, debido a que la velocidad sísmica de los medios sólidos – como rocas y suelos – es superior a la del agua; que, además, por la relación de impedancias, presentan magnitudes positivas. El segundo grupo de ondas a componer la superposición son las ondas de choque transmitidas para el agua a través del emboquille del barreno o por la zona del retacado, que se propagan de forma directa y también presentan magnitudes positivas. Las ondas de rarefacción o tracción reflejadas en la superficie agua-aire son las terceras a componer la historia temporal, presentando magnitud negativa y generando el efecto del "corte de superficie". Las últimas ondas observadas durante el proceso de interferencia son las que se reflejan en el medio sólido de vuelta al medio acuático, que serían – considerando que tenga existido solamente una reflexión en la superficie agua-aire – también de magnitud negativa.

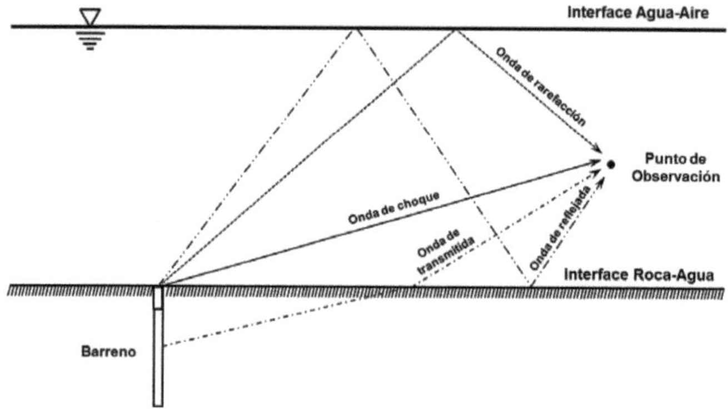

Figura 5.4. Idealización de las ondas involucradas en el proceso de superposición generadas por cargas confinadas en barrenos.

Debido a la naturaleza esférica de la propagación de las ondas de choque hidrodinámicas, el primero punto en la superficie de interfaz agua-aire a experimentar la llegada de las ondas de choque es aquella inmediatamente vertical a la carga o barreno. El impacto de las ondas de choque en la interfaz agua-aire genera un rápido desprendimiento de las partículas de agua, causando la eyección de partículas de agua hacia a la atmosfera, que se extiende concéntricamente hasta que las velocidades de partículas impuestas a la superficie del agua no sean más capaces de desprender las partículas de agua. Para cargas confinadas en barrenos, es posible identificar el punto concéntrico con la carga muy claramente – dependiendo de la altura de la columna de agua y calidad del retacado –, debido a la que la onda hidrodinámica transporta más energía viajando verticalmente sobre la carga; además, como el material de retacado es más débil que el macizo rocoso, los niveles de presión son canalizados verticalmente.

La velocidad de partícula impuesta la superficie libre en la interfaz agua-aire es la resultante de la velocidad debido al choque de la onda compresiva incidente y la reflejada de tracción. Cole (1948) presenta la siguiente fórmula para estimar la velocidad de partícula en la superficie libre del agua

$$\dot{u}_w = \frac{2P\cos\varphi}{\rho_w C_w} \tag{5.15}$$

donde P es la presión en la interfaz agua-aire; ρ_w, C_w es la densidad y velocidad acústica - estrictamente velocidad de la onda de choque - del agua, respectivamente; y φ es el ángulo de incidencia, medido con relación a la vertical, que puede ser obtenido haciendo

$$\varphi = \tan^{-1}\left(\frac{Rs}{d_c}\right)$$

donde Rs es la distancia horizontal desde la superficie cero o desde del punto verticalmente concéntrico a la carga; y dc es la profundidad de la carga explosiva.

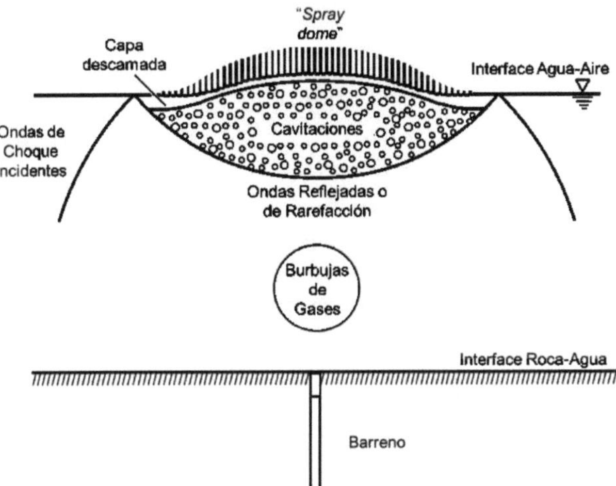

Figura 5.5. Idealización del "Spalling" de la superficie del agua por las ondas de choque hidrodinámicas. Las ondas de compresión y de rarefacción reflejadas causan la eyección de partículas de agua y cavitación de las capas superficiales del agua (*adaptado de* Mellor (1986) y Young (1973)).

Por otro lado, Mellor (1986) propone una fórmula para calcular la velocidad de partícula en la superficie del agua en función de la profundidad de la carga y distancia horizontal

$$\dot{u}_w(R_S, d_C) = \dot{u}_{wo}\left[1 + \left(\frac{R_S}{d_C}\right)^2\right]^{-\left(\frac{\alpha+1}{2}\right)} \tag{5.16}$$

donde $\dot{u}_w$ es la velocidad de partícula inicial a una distancia horizontal R_S; uwo es la velocidad de partícula en la $\varphi = 0^o$, o sea, la "superficie cero"; d_C es la profundidad de la carga explosiva; y α es coeficiente de atenuación.

En aguas poco profundas, las ondas de rarefacción reflejadas por la superficie de interfaz agua-aire, pueden generar presiones de tracción de grandes magnitudes, lo suficiente para superponer a las presiones positivas que siguen atenuándose tras el paso de la onda compresiva principal, reduciendo los niveles de las presiones globales, resultando en magnitudes menores que la presión ambiente original. Si estas presiones negativas son suficientemente energéticas, cercanas a las presiones de vapor, pueden surgir "cavitaciones" justo tras el paso de las ondas de rarefacción.

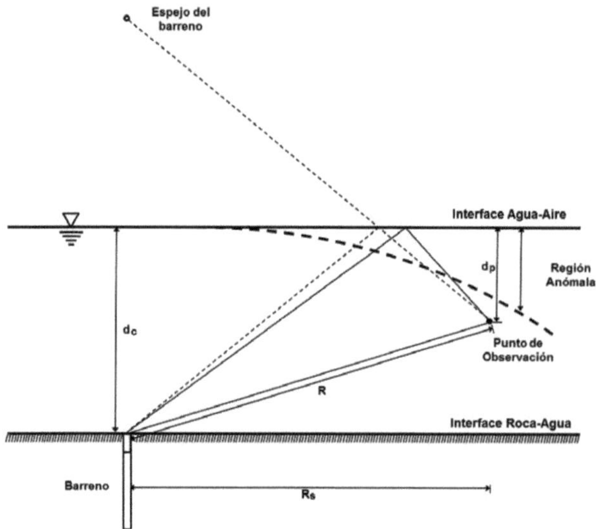

Figura 5.6. Representación idealizada de las reflexiones e interferencias de las ondas de choque en la interfaz agua-aire (*adaptado* de Mellor (1986)).

Este efecto o interferencia se llama Superficie de Corte, y se determina estimando el retraso de tiempo t_c – tiempo de corte – en que las ondas de rarefacción superpondrán a las presiones positivas de la onda de choque principal. En otras palabras, la diferencia en los tiempos de llegadas de las ondas de choque incidentes y reflejadas (Mellor, 1986).

Al suponer que las ondas se propagan a la velocidad acústica del agua, se obtiene la siguiente aproximación (Mellor, 1986)

$$t_c = \frac{1}{C_w}\left[Rs^2 + \left(d_c + d_p\right)^2\right]^{1/2} - \frac{R}{C_w} \tag{5.17}$$

donde C_w es la velocidad acústica del agua; Rs es la distancia horizontal desde de la carga hasta el punto de observación; R es la distancia desde de la carga explosivo hasta el punto de observación; d_c es la profundidad de la carga; y d_p es la profundidad del punto de observación.

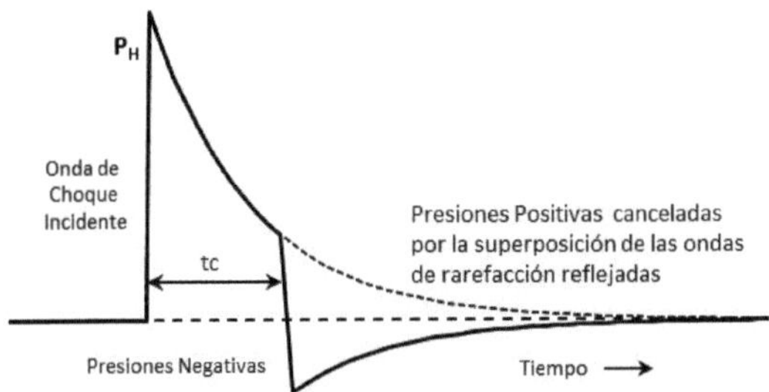

Figura 5.7. Idealización de la superficie de corte.

La ecuación (5.17) indica como varía el intervalo de tiempo entre la llegada de los frentes de ondas incidentes compresivos y los reflejados de tracción cuando se incrementa la profundidad del punto de observación. Cuanto más profundo sea el punto de observación de la superposición de las ondas, mayor será el tiempo de corte (Mellor, 1986). La zona en el cual los picos de presión hidrodinámica son reducidos por las ondas reflejadas o de rarefacción es llamada de región anómala.

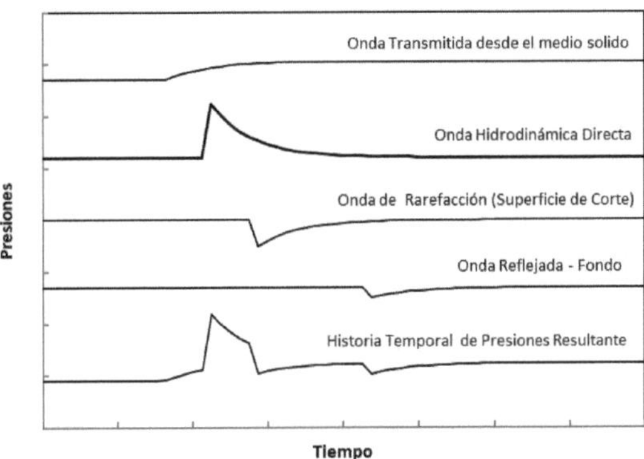

Figura 5.8. Idealización de las componentes de las ondas de choque generadas por cargas confinadas en barrenos, que se interfieren para componer la onda resultante.

La combinación de estos dos eventos – eyección de las partículas de agua por el impacto de las ondas de choque y la formación de la cavitación tras el paso de las ondas de rarefacción – forma el fenómeno llamado de "*spray dome*" (figura 5.5). El *spray dome*, que es la primera perturbación a surgir en la superficie, se eleva en una forma que se aproxima a una superficie hiperbólica o de campana; más alta en el centro debido a que la velocidad inicial en el centro es proporcional a la presión de onda de choque incidente (Mellor, 1986).

5.3 Pulso de burbujas

La detonación de una carga explosiva es el resultado de una violenta reacción termoquímica que libera una gran cantidad de energía en forma de ondas de choque y gas. El volumen de gas generado tras una detonación – explosivos comerciales llegan a liberar 1000 l/kg – se expande rápidamente contra el medio que le circunda, sea las paredes del barreno o el agua. Cole (1948), Swisdak (1978), Mellor (1986), entre otros, describen al detalle la mecánica de los pulsos de burbujas.

En detonaciones subacuáticas no confinadas en barrenos, estos gases – a altas temperaturas y presiones – forman una especie de burbuja caracterizada por presentar una gran cantidad de energía inicialmente concentrada en un pequeño volumen. En este estado, debido a la transmisión del choque para el agua, la burbuja disminuye un poco su energía y presión internas, ejerciendo una gran presión contra las presiones hidrostáticas debido a la expansión radial de los gases contra el medio acuático.

La burbuja se expande hasta alcanzar el equilibrio hidrostático ambiente, desacelerando la velocidad en que impone al medio acuático. Sin embargo, la inercia de movimiento permite una sobre-expansión de los gases, haciendo que las presiones hidrostáticas sean superiores a las presiones internas de la burbuja. Como resultado, las presiones hidrostáticas comprimen la burbuja acelerándola violentamente que, por la inercia compresiva, permite que esta se sobre-comprima. La compresión conlleva a un colapso abrupto de la burbuja liberando unos pulsos de ondas de choque hidrodinámicos secundarios, que son notablemente inferiores a de la onda hidrodinámica principal.

La pulsación de las burbujas se repite liberando energía en cada ciclo, mientras la burbuja migra hacia la superficie del agua. Este fenómeno es atenuado por la emisión de pulsos al medio acuático y por la turbulencia generada por el proceso. Sin embargo, este fenómeno es más acentuado en detonaciones de cargas no confinadas o libres y en aguas profundas; en aguas poco profundas, dependiendo de la altura de la columna de agua, la pulsación de la burbuja puede ser abruptamente interrumpida por su llegada a la superficie. Por otro lado, en detonación de cargas confinadas, el fenómeno de las burbujas no es tan evidente, llegando a no ser cuestionable su contribución a los fenómenos observados (Nedwell & Thandavamoorthy, 1989; Keevin & Hempen, 1997).

5.3.1 Presión de los pulsos hidrodinámicos de las Burbujas

Los eventuales colapsos de las burbujas de gases durante el proceso de su migración hacia la superficie liberan energía en forma de pulsos de presión hidrodinámicos – que se propagan en forma de ondas acústicas – en periodos de tiempo o de oscilación que dependen de la profundidad de la carga, la masa y tipo de explosivo (Cole, 1948). Por otro lado, una característica de estos pulsos secundarios, además de las menores amplitudes, es su mayor duración y menor tiempo de formación de su pico de presión.

Estimar los picos de las presiones de las ondas que se generan por el colapso de las burbujas es un arduo trabajo, una vez que son afectadas por el proceso de migración hacia la superficie, por las ondas de rarefacción reflejadas en la interfaz agua-aire, por el cambio de formato de la burbuja mientras se propaga, además de presentar marcadas diferencias en la atenuación entre los pulsos de choque y de burbujas (Mellor, 1986).

En condiciones ideales, para detonaciones en aguas muy profundas, la forma general de las presiones secundarias seria dada por

$$P_{Hb} = k\left(\frac{R}{W^{1/3}}\right)^{-1} \tag{5.18}$$

donde P_{Hb} es la presión del pulso secundario (MPa); k es una constante que depende, aunque de forma débil, de $(d_c + 10)$, donde d_c es la profundidad de la carga (m); R es la distancia (m); y W es la carga de explosivo (kg).

Tras analizar los datos publicados por Slifko (1967), Swisdak (1978) ha propuesto un $k = 9.03$ para el explosivo tipo, TNT. Por otro lado, Cole (1948) propone teóricamente un valor para el $k = 7.08$. No obstante, para cargas no confinadas, el pico de la presión generada por el primero colapso de la burbuja puede ser estimada por la ecuación que ha propuesto Chapman (1985), que generalizándola para cualquier tipo de explosivo, es

$$P_{Hb} = 1.49\,(d_c + 10.1)^{0.33}\left[\frac{R}{W^{1/3}}\left(\frac{RWS}{115}\right)^{1/3}\right]^{-1} \tag{5.19}$$

Las ondas de presión generadas por el colapso de las burbujas de gases presentan unos coeficientes de atenuación menores que las observadas en las presiones de la onda de choque primaria, que hace que su atenuación sea más lenta.

5.4 Efectos de las Componentes Hidrodinámicas

El estudio de los efectos así como los métodos de identificación relacionados a las detonaciones subacuáticas vienen ganando el interés de la comunidad científica tras la firma, en 1996, del programa de monitoreo sísmico establecido en el Tratado de Prohibición de Pruebas Nucleares "*Comprehensive Nuclear Test-Ban Treaty (CTBT)*", que busca identificar a través del análisis de historias temporales obtenidas en estaciones sísmicas en tierra o de hidrófonos de estaciones submarinas, supuestas detonaciones nucleares subacuáticas.

Numerosos estudios sobre la identificación de supuestas detonaciones subacuáticas han sido publicados (Baumagardt & Der, 1998; Baumgardt, 1999; Baumgardt & Freeman, 2005). Básicamente, la metodología aplicada es la de la estimación y posterior identificación de los retrasos temporales entre los picos primarios de las ondas de choque hidrodinámicos y de los pulsos de presiones secundarios, por el colapso de las burbujas; además de incluir el retraso temporal debido a la reflexión de las ondas hidrodinámicas primarias en la superficie de interfaz entre el agua-aire.

La aplicación de técnicas de análisis espectral y cepstral para la caracterización de detonaciones subacuáticas ha demostrado ser especialmente interesante, entre otras cosas, por identificar los picos de frecuencias y retrasos temporales asociados a los fenómenos de la mecánica de las detonaciones subacuáticas. Además, la modelización cepstral, en particular, permite estimar parámetros asociados al fenómeno sin la necesidad de colectar una gran cantidad de datos (Baumgardt & Der, 1998; Baumagardt, 1999). Así, pues, los principales parámetros estudiados por estos autores son la identificación de los pulsos de burbujas, que generan picos positivos en el cepstrum, y la reflexión en la superficie agua-aire, que generan acentuados picos negativos. Estudiando la amplitud y el tiempo de estos picos cepstrales, es posible concebir parámetros como la profundidad de la detonación y la masa de explosivo utilizado asociados a la detonación en estudio.

Por otro lado, el principal interés en identificar la aportación energética de los trenes de ondas hidrodinámicos provenientes de la detonación subacuáticas de cargas confinadas en barrenos en la composición de la historia temporal de velocidades de partícula observadas en una estación sísmica en tierra, es que estas transportan grandes cantidades de energía en bandas de baja frecuencia, lo que puede ser bastante sensible a los potenciales efectos de amplificación en que se pueden ver afectadas las estructuras civiles que presentan frecuencias propias relativamente bajas.

5.4.1 Modelado de los retrasos temporales

Aplicando el concepto del análisis cepstral a las detonaciones de cargas confinadas en barrenos, se puede idealizar que la composición de las ondas sísmicas generadas, cuando observadas en un punto localizado en la superficie del terreno, sea el resultado de la convolución de las ondas que se propagan directamente por el medio sólido, transmitidas desde el explosivo para la roca, más las ondas hidrodinámicas que son transmitidas al medio sólido desde el medio acuático.

Normalmente, las voladuras de roca se componen de una serie de barrenos cargados con explosivos que son detonados de forma micro-secuenciada. Esto significa que la liberación de energía de cada barreno, y por lo tanto la propagación de los pulsos sísmicos, estará retrasada temporalmente unas de las otras. Añadiendo las múltiples transmisiones y reflexiones asociadas a las voladuras subacuáticas – en medios sólidos (roca, suelo, capa de sedimento orgánico) y medio acuático (ondas hidrodinámicas principales, rarefacción etc.) –, obtenemos una onda resultante bastante compleja.

Sin embargo, si consideramos la detonación confinada de un solo barreno – idealizando el modelo de retraso temporal como lo del *retraso temporal múltiple,* que lleva en cuenta, además del pulso sísmico transmitido directamente por el medio sólido, la onda de choque hidrodinámica principal transmitida por el medio acuático y la onda de rarefacción reflejada en la superficie agua-aire que vuelve a transmitirse para el medio sólido –, podríamos escribir la ecuación de la historia temporal de la siguiente forma

$$\dot{u}(t) = x(t) + \alpha_1 x(t - \tau_1) + \alpha_2 x(t - \tau_2) \tag{5.20}$$

donde $\dot{u}(t)$ es la historia temporal convolucionada; α_1, α_2 son los coeficientes de escala; y τ_1, τ_2 son los retrasos temporales de las ondas de rarefacción y ondas hidrodinámicas principales, respectivamente.

Los retrasos temporales serian:

(i) La reflexión de las ondas hidrodinámicas en la superficie agua-aire genera una onda de rarefacción de carácter traccional, que implica decir que su polaridad se ha invertido con relación al primero pulso. De esta forma, se modela el retraso por las ondas de rarefacción por el resultado de la reverberación sencilla en la columna de agua. Luego, el retraso temporal por las ondas de rarefacción reflejadas en la superficie agua-aire viene dada por

$$\tau_1 = \frac{2d_c}{C_w} \tag{5.21}$$

(ii) Las ondas hidrodinámicas que se propagan por el medio acuático inciden en los límites que delimitan y confinan el ambiente acuático. Como las ondas sísmicas se propagan mucho más rápidamente en los medios rocosos, el pulso hidrodinámico llegará al punto de observación con un retraso temporal proporcional a la distancia propagada en el agua. Así, pues, el retraso temporal por la incidencia de las ondas hidrodinámicas principales seria

$$\tau_2 = \frac{R_H}{\sin\varphi}\left(\frac{1}{C_w} - \frac{1}{C_P}\right) \tag{5.22}$$

donde d_c es la profundidad de la carga o de la columna del agua; R_H es la distancia horizontal; C_P, C_w son las velocidades de las ondas P de los medios sólido y acuático, respectivamente; φ es el ángulo entre la dirección "carga-punto de observación" hace con la vertical.

El efecto de las burbujas es descartado, una vez que se tratan de cargas confinadas en barrenos.

Obteniendo la transformada de Fourier para la ecuación (5.20), tenemos

$$Y(\omega) = X(\omega)\left(1 + \alpha_1 e^{-j\omega\tau_1} + \alpha_2 e^{-j\omega\tau_2}\right) \tag{5.23}$$

y tomando el logaritmo del espectro de potencia, llegamos

$$\log|Y(\omega)|^2 = \log[|X(\omega)|^2(1+\beta)] + \log\left\{1 + \frac{2}{1+\beta}S\right\} \quad (5.24)$$

donde $\beta = {\alpha_1}^2 + {\alpha_2}^2$; y S es una serie compuesta por un número creciente de cosenos, que viene dada por

$$S = \sum_{n=1}^{2}\left(\alpha_n \cos\omega\tau_n + \sum_{m=n+1}^{2} \alpha_n\alpha_m \cos\omega(\tau_n - \tau_m)\right)$$

Al tomar la transformada de Fourier del logaritmo de la transformada de Fourier, obtenemos el Cepstrum de la historia temporal estudiada.

Según Baumagardt & Ziegler (1988), la transformada de Fourier presentará picos en las frecuencias asociados a los retrasos temporales estudiados en $1/\tau_n$, $1/(\tau_n - \tau_m)$ y sus armónicos. Estos picos también serían visibles en la composición del cepstrum. Las amplitudes de los picos son dependientes de las amplitudes de los retrasos temporales de las señales estudiadas (los factores de escala α_n).

5.4.2 Los factores de escala

Espinosa & Pascual (2003) han obtenidos relaciones estadísticas interesantes entre los picos de presión de las ondas de choque hidrodinámicas incidentes en un dique flotante de hormigón pretensado y su correspondiente velocidad pico de partícula en la superficie de la estructura. Estos autores han comprobado que existe una correlación entre los picos de las presiones hidrodinámicas y las velocidades pico de partícula en la superficie del dique. Tras la revisión de los datos presentados por los autores, se obtienen las siguientes expresiones

$$\dot{u}_L = 0.2255P_H + 6.4033 \quad (5.25)$$

$$\dot{u}_T = 0.2044P_H + 2.4187 \quad (5.26)$$

donde $\dot{u}_L, \dot{u}_T$ son las velocidades pico de partícula de las direcciones longitudinales y transversales (mm/s); P_H el pico de presión hidrodinámica incidente en la estructura (kPa).

Sin embargo, han observado que las relaciones entre los picos de presión hidrodinámicas y las velocidades pico de partículas en la dirección vertical no fueron consistentes. Este fenómeno puede tener relación con las múltiples reflexiones producidas en el espacio de aproximadamente 1.0m que separa en fondo del canal y la altura de la base del dique flotante (Espinosa & Pascual, 2003).

Por otro lado, las voladuras estudiadas por Espinosa & Pascual (2003) fueron caracterizadas por la detonación de cargas explosivas confinadas en barrenos, que transmitían ondas de choque para el medio acuático bajo ondas hidrodinámicas que, por su vez, al incidir en la interfaz agua-dique, transmitían energía para el dique flotante en forma de pulsos compresivos. Por lo tanto, las vibraciones observadas en el dique son resultados casi que exclusivamente del choque de las ondas hidrodinámicas. Como la estructura está flotando cerca de 1.0m sobre el fondo del canal, las ondas sísmicas transmitidas por el medio sólido no contribuyen de forma directa – solo la porción que se transmite desde el medio sólido hacia el acuático – en la convolución resultante registrada en la superficie del dique.

Por tratarse de un medio relativamente bien caracterizado – hormigón pretensado – con la disposición del hidrófono fijado a la estructura, la estimación de las velocidades pico de partículas a través de la teoría de la elasticidad es factible. Tomando la teoría de la reflexión y transmisión de ondas, podemos relacionar las presiones hidrodinámicas incidentes con las velocidades pico de partícula transmitida

$$\dot{u}_T = \frac{P_H}{\rho_r C_P}\left[\frac{2\cos\theta_i}{\cos\theta_i + n\cos\theta_T}\right] \tag{5.27}$$

donde $\dot{u}_T$ es la velocidad de partícula transmitida al medio sólido; P_H es el pico de la presión hidrodinámica incidente; ρ_r, C_P son la densidad y velocidad de las ondas sísmica del medio sólido, respectivamente; n es la relación de impedancias entre el medio acuático-sólido; θ_i, θ_T son los ángulos de incidencia y transmisión, respectivamente.

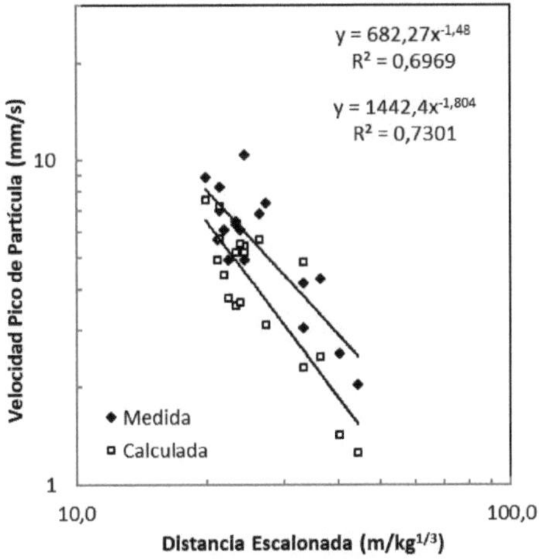

Figura 5.9. Velocidades pico de partícula de la componente transversal; medidas y calculadas a partir de las presiones hidrodinámicas registradas, utilizando las ecuaciones que conducen la transmisión y reflexión de ondas en medios acústicos/elásticos.

Se ha aplicado la ecuación (5.27) a los datos publicados por Espinosa & Pascual (2003), considerando el medio acuático con propiedades $\rho_w = 1000\, kg/m^3$ y $C_w = 1475\, m/s$ y el medio sólido, el hormigón, con $\rho_h = 2300\, kg/m^3$ y $C_P = 3050\, m/s$. El ángulo de incidencia se ha considerado 28°, que es cercano al ángulo crítico y es medido en relación con la dirección perpendicular a la pared del dique. Los resultados son presentados en la figura 5.9. Se percibe, sin embargo, que las velocidades de partículas medidas son superiores a las calculadas. Esto se debe, probablemente, a los efectos de amplificación sufridos por la estructura desde el punto de medida de la onda de presión hidrodinámica y al que se ha registrado la vibración. Por otro lado, el dique sofrió la incidencia de frentes de ondas con ángulos variando desde cercanos a 0° hasta los 28°, lo que seguramente ha contribuido para la cooperación de estas ondas en la composición de los niveles de vibración medidos.

El ángulo de incidencia de las ondas puede afectar fuertemente la forma en el cual la energía es reflejada y transmitida a través de la interfaz (Kramer, 1995). Al considerar el ángulo de incidencia de las ondas hidrodinámicas en las orillas que delimita el medio acuático, se observa que el ángulo limite o crítico, en el cual la energía es totalmente reflejada, es relativamente bajo. Para el ejemplo de una onda hidrodinámica propagándose desde el medio acuático ($\rho_w = 1000\, kg/m^3$, $C_w = 1475\, m/s$) hacia un medio rocoso ($\rho_r = 2800\, kg/m^3$, $C_P = 4500\, m/s$), se observa que el ángulo crítico se acerca a los 20°, figura 5.10.

Condon et al. (1970) han estudiado los efectos sísmicos generados por las detonaciones subacuáticas de pequeñas cargas no confinadas en las vibraciones registradas en terreno. Han llevado a cabo 15 detonaciones en el cual utilizaron tres tipos de explosivos en diversas combinaciones de carga-distancia. Los hidrófonos fueron instalados a 3.7m de distancia al punto de la detonación, teniendo la carga localizada a una profundidad de 3.7m de profundidad. Los resultados obtenidos en el análisis estadístico de las presiones hidrodinámicas pueden ser apreciados en la figura 5.11. El coeficiente de amortiguamiento obtenido en el estudio fue -1.259, que es mayor que de la TNT, que según investigaciones publicadas en la literatura es -1.13 (Cole; 1948; Swisdak, 1978; Arons, 1954). Este incremento en el amortiguamiento puede ser el resultado del efecto de múltiples reflexiones, una vez que la profundidad media del lago fue de 8m y su largo 60m.

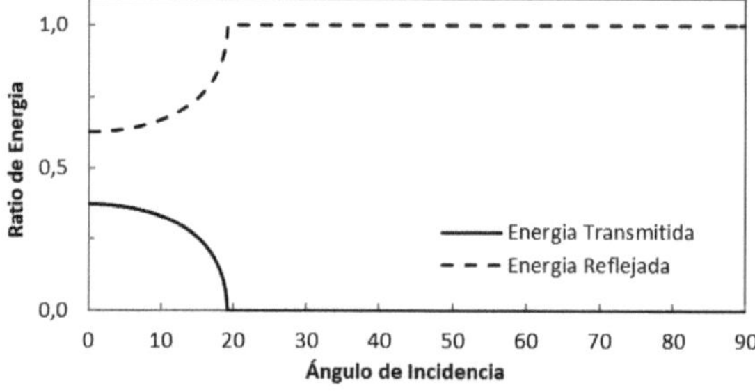

Figura 5.10. Ratios de energía transmitida y reflejada para una onda propagándose desde del medio acuático hacia un medio sólido.

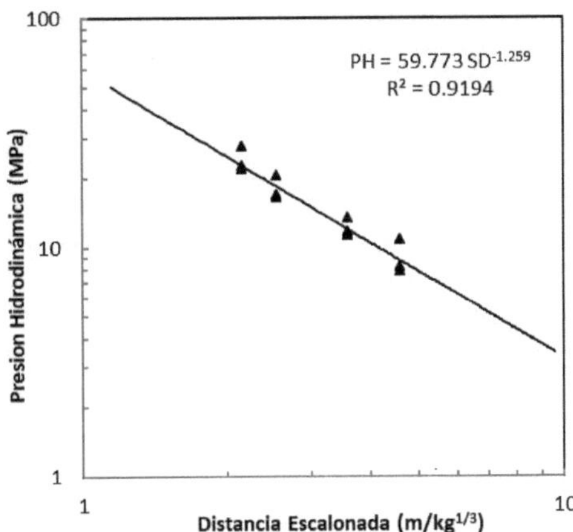

Figura 5.11. Presiones hidrodinámicas resultante de detonaciones subacuáticas de cargas no confinadas en aguas poco profundas (Condon et al., 1970).

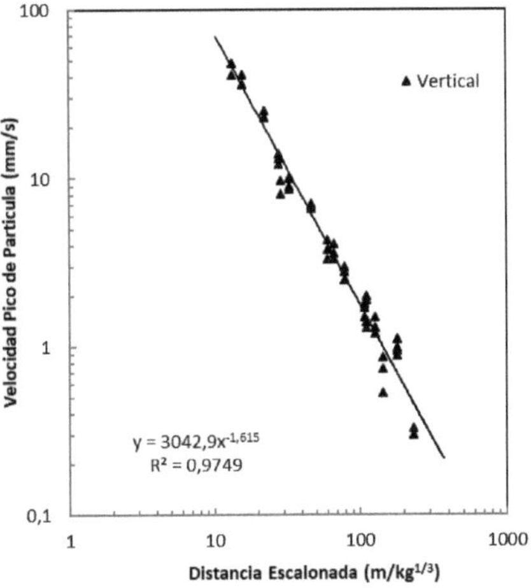

Figura 5.12. Velocidad pico de partícula del componente vertical registrado en tierra; generada por detonación subacuática de cargas no confinadas (Condon et al., 1970).

Por otro lado, se han caracterizado los niveles de las velocidades de partículas para las tres direcciones, a distintas distancias en tierra, tras el paso de ondas sísmicas generadas exclusivamente por la transmisión de las ondas hidrodinámicas principales, secundarias y sus múltiples reflexiones. La figura 5.12 se observa la ley de atenuación de la componente vertical de las velocidades de partículas generadas exclusivamente por la transmisión de ondas hidrodinámicas. En términos de velocidades de partículas, es bastante similar a las leyes de atenuación obtenidas para voladuras en superficie, pero, por presentar unas frecuencias dominantes más bajas, los desplazamientos son mayores, aumentando, así, el riesgo ante estructuras cercanas.

Extrapolando estos efectos al caso de las detonaciones de cargas confinadas en barrenos, podríamos imaginar que los resultados obtenidos por Condon et al. (1970) serían algo como la contribución hidrodinámica superpuesta – con un retraso temporal y distinto factor de escala – a las ondas sísmicas transmitidas directamente por el medio sólido. Como resultado de esta contribución, un incremento potencialmente notable de energía en las bandas de bajas frecuencias se evidenciaría.

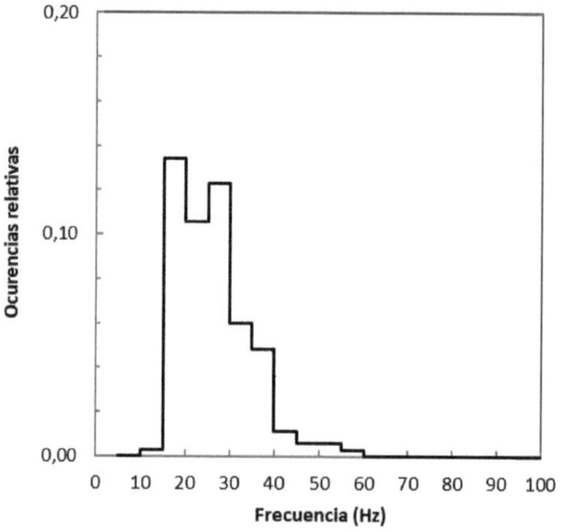

Figura 5.13. Histograma de frecuencias dominantes de las vibraciones en tierra de las tres direcciones: vertical, longitudinal y transversal (Condon et al., 1970).

Analizando los datos publicados por Condon et al. (1970), se ha observado que existe una consistente correlación entre los picos de presión de las ondas hidrodinámicas equivalentes a la distancia monitoreada en tierra y el respectivo pico de velocidad de partícula registrada en este punto. La figura 5.14 evidencia la correlación entre el pico de las presiones hidrodinámicas con la velocidad pico de partícula de la componente vertical.

Por lo tanto, la siguiente relación puede ser establecida

$$\dot{u} = K(P_{He})^{\alpha} \tag{5.28}$$

donde $\dot{u}$ es la velocidad pico de partícula observada a una distancia R del centro de carga; P_{He} es la presión hidrodinámica equivalente a la distancia donde se está observando la velocidad pico de partícula; $K,\ \alpha$ son constantes que relacionan las presiones hidrodinámicas y velocidad pico de partículas.

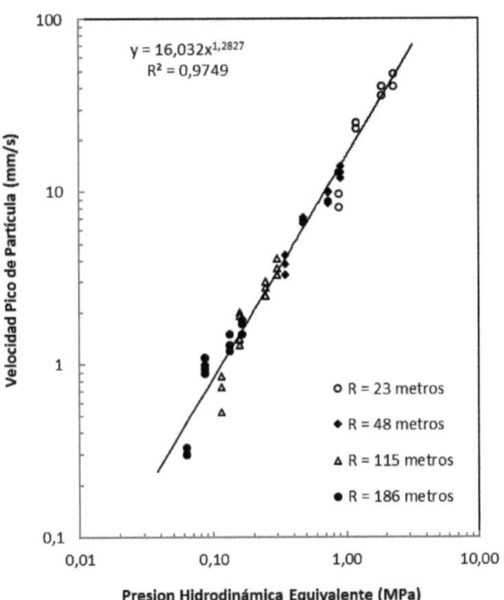

Figura 5.14. Relación entre las presiones hidrodinámicas equivalentes y las velocidades pico de partículas de la componente vertical (*obtenidos de* Condon et al., 1970).

Por su vez, los picos de las presiones hidrodinámicas, así como las velocidades pico de partículas, pueden ser calculadas en función de la masa de explosivo y de la distancia – o sea, la distancia escalonada – y, por lo tanto, vienen dada por

$$P_{He} = k_1(SD)^{\alpha_1} \qquad \dot{u} = k_2(SD)^{\alpha_2} \tag{5.29}$$

Al combinar las ecuaciones (5.28) y (5.29), llegamos a la siguiente relación

$$\dot{u} = k_2\left(\frac{P_{He}}{k_1}\right)^{\frac{\alpha_2}{\alpha_1}} \tag{5.30}$$

que, al llamar $\alpha = \alpha_2/\alpha_1$, podemos reescribir la ecuación (5.30) como

$$\dot{u} = \frac{k_2}{{k_1}^{\alpha}}(P_{He})^{\alpha} \tag{5.31}$$

Por lo tanto, los estudios conducidos por Condon et al. (1970) y Espinosa & Pascual (2003) presentan indicios de como la contribución de las ondas hidrodinámicas generadas por detonaciones subacuáticas puede afectar la convolución resultante de la historia temporal de velocidades de partícula en un punto de observación en tierra. López Cano et al. (2011), durante los trabajos de voladuras subacuáticas en la excavación para la construcción del tercer juego de esclusas del Canal de Panamá, observaron los efectos producidos por las ondas de choque hidrodinámicas en la composición de las historias temporales registradas en tierra y como estas afectaban los niveles de energía en bandas de baja frecuencia.

En definitiva, la acción de las ondas hidrodinámicas en voladuras subacuáticas puede ser extremamente significativa en el sentido de que actúa como una fuente adicional de energía – en comparación con una voladura en superficie tradicional – para los fenómenos sísmicos observados en tierra.

6
ANÁLISIS DE LAS VIBRACIONES GENERADAS POR VOLADURAS SUBACUÁTICAS

Como se ha podido observar durante la exposición de los capítulos anteriores, las ondas hidrodinámicas generadas durante la detonación de cargas explosivas, sean por cargas confinadas o no confinadas en medios acuáticos, generan perturbaciones sísmicas de gran relevancia. La aportación extra de energía – normalmente en bajas frecuencias – que sugieren la presencia de estas ondas en la composición de las historias temporales registradas en tierra, potencializa de tal forma su peligrosidad, que el interés en estudiarlas en términos espectrales y temporales se tornan esenciales.

Con esta línea, por lo tanto, se realizará un análisis de los fenómenos sísmicos generados por voladuras subacuáticas en dos importantes proyectos. El objetivo es cimentar los conceptos desarrollados en los capítulos anteriores como la caracterización sísmica y espectral, fundamentalmente el espectro de respuesta resultantes de estos fenómenos.

6.1 Proyectos de Voladuras Subacuáticas

Así, que, los datos experimentales explotados en el presente capítulo provienen de los siguientes proyectos: (i) Puerto de Santos: voladuras submarinas para el excavación y dragado de las piedras Teffé e Itapema, São Paulo – Brasil. Los trabajos fueran realizados entre los meses de septiembre, octubre y noviembre de 2011; (ii) Expansión del Canal de Panamá: voladuras subacuáticas para la excavación del canal de aproximación para la entrada del Pacifico, Ciudad de Panamá – Panamá. Trabajos realizados entre los meses de abril y septiembre de 2009.

El proyecto de la profundización y ensanche de la aproximación sur del Pacífico: Tercer Juego de Esclusas del Canal de Panamá

El Canal de Panamá sigue imperante como uno de los mayores éxitos ingenieril de la era moderna. Es una magnífica construcción que alberga una serie de esclusas y canales de navegación, que interconecta el Mar del Caribe al Océano Pacífico. El Canal de Panamá ha tenido un tremendo impacto en la económica mundial.

Sin embargo, el incremento de las demandas en el comercio internacional y el progresivo aumento de tamaño de los buques ha inspirado que, a poco menos de 100 años desde su inauguración, la Autoridad del Canal de Panamá (ACP) – autoridad semi-autónoma del Gobierno de Panamá –, emprendiese un gran programa de expansión a fin de ampliar la capacidad del canal actual.

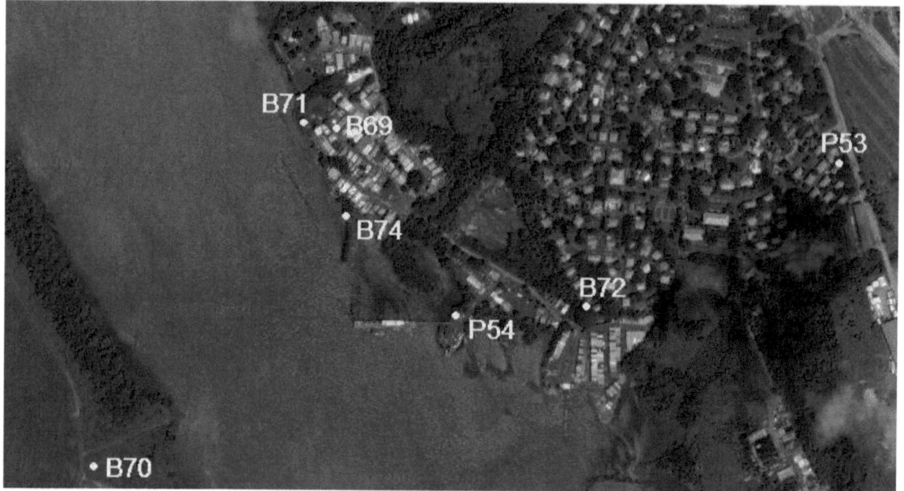

Figura 6.1. Disposición de los sismógrafos en la comunidad del Diablo, en Balboa, Ciudad de Panamá, durante los trabajos de voladura subacuáticas en el Canal de Panamá (López Cano et al., 2011)

Las voladuras subacuáticas se han realizado bajo el proyecto de profundización y ensanche de la aproximación sur del Pacífico para el Tercer Juego de Esclusas del Canal de Panamá en el año de 2009. Inicialmente, el acceso sur y la entrada del pacífico tuvieron que ser dragados para poder remover la capa de material orgánico y poder iniciar las actividades de voladura. Una vez concluido, el proyecto incorporaría 14 km de longitud de canal de navegación con un ancho de por lo menos 218m y un nivel máximo de profundidad -17,5 m.

Las voladuras han consistido, básicamente, en excavar 800.000 m^3 de roca de origen volcánico. La operación se ha llevado a cabo en un tiempo récord de cinco meses, en conjunto con una plataforma de perforación subacuática con 10 torres de perforación instaladas.

Por otro lado, uno de los principales desafíos en el proyecto fue el control sobre los niveles de vibraciones observados en la comunidad del Diablo, en Balboa, lo que ha conllevado a un extensivo estudio y control sobre las voladuras. Con el fin de dimensionar las voladuras de producción para que no afectasen a las estructuras sensibles instaladas en las cercanías del proyecto, se ha diseñado y ejecutado un programa de ensayos de detonaciones subacuáticas de cargas aisladas, confinadas en barrenos y micro-secuenciada. La tabla 6.1 presenta datos de las primeras 19 voladuras del proyecto. Se han movilizado 8 sismógrafos fabricados por Instantel, siendo 6 del tipo Minimate Blasters y otros 2 Minimate Plus.

Tabla 6.1: Informaciones de algunas voladuras realizadas en el Canal de Panamá.

Nº Voladura		Explosivo	D (mm)	B (m)	S (m)	MIC (kg)
BR-1	Prueba	HIDROGEL	140	-	-	50.0
BR-2	Prueba	HIDROGEL	140	-	-	50.0
BR-4	Producción	HIDROGEL	140	3.5	3.5	50.0
BR-5	Producción	HIDROGEL	140	3.5	3.5	80.0
BR-6	Producción	HIDROGEL	140	3.2	3.5	100.0
BR-7	Producción	HIDROGEL	140	3.5	3.5	100.0
BR-8	Producción	HIDROGEL	140	3.5	3.5	100.0
BR-9	Producción	HIDROGEL	140	3.5	3.5	50.0
BR-10	Producción	HIDROGEL	140	3.5	3.5	50.0
BR-11	Producción	HIDROGEL	140	3.5	3.5	50.0
BR-12	Producción	HIDROGEL	140	3.5	3.5	50.0
BR-13	Producción	HIDROGEL	140	3.5	3.5	25.0
BR-14	Producción	HIDROGEL	140	3.2	3.8	120.0
BR-15	Producción	HIDROGEL	140	3.2	3.8	184.0
BR-16	Producción	HIDROGEL	140	3.4	4.2	100.0
BR-18	Producción	HIDROGEL	140	3.4	4.2	125.0
BR-19	Producción	HIDROGEL	140	3.4	4.2	125.0

El proyecto de la profundización y ensanche del Puerto de Santos

Las obras de excavación y dragado de las piedras Teffé e Itapema, parte del programa de ampliación del puerto de santos – el más importante puerto de latino américa –, integra los trabajos de profundización del canal de navegación de los -12 /-14m actuales para -15m y ensanche de 150 para 220m. Una vez concluida, la obra supondría un incremento en la capacidad operacional del puerto de hasta un 30%, permitiendo el doble tráfico de buques de 9 mil contenedores de 20 pies. Para el proyecto, se ha hecho disponible la última tecnología en términos técnico-operacional: combinación de explosivo a granel sensibilizado *in situ* con una gran plataforma de perforación, con diez torres de perforación – misma tecnología utilizada en el proyecto de Panamá.

Los trabajos de excavación y dragado han consistido en volar un volumen total de más de 31.000 m^3 de roca, de los cuales 20.000 m^3 son referentes a la piedra de Teffé y el restante, 11.000 m^3, a la piedra de Itapema, en el año de 2011. El emprendimiento ha requerido la realización de 32 voladuras – entre voladuras de prueba y de producción, donde 21 fueron dedicadas a la piedra de Teffé y 11 a Itapema.

El proyecto de Santos ha requerido la aplicación de grandes controles medioambientales, incluyendo la aplicación de cortinas de burbujas, pequeñas cargas suspensas y sirenas subacuáticas, para alejar especies marinas protegidas por la autoridad ambiental, combinadas, además, con un extensivo estudio y control de las vibraciones generadas en las estructuras. De forma similar al proyecto de Panamá, con el fin de dimensionar las voladuras de producción, para que no afectasen a las estructuras sensibles en las cercanías del proyecto, se ha diseñado y ejecutado un programa de ensayos de detonaciones para cada una de las dos zonas a volar, Teffé e Itapema.

Figura 6.2. Disposición de los sismógrafos en el terminal de pasajeros del puerto de Santos, São Paulo, durante los trabajos de voladura subacuáticas en la piedra de Teffé.

Los ensayos realizados en la piedra de Teffé han tenido como principal objetivo el entendimiento de la transmisión de las vibraciones en el terminal de pasajeros "Giusfredo Santini" y demás áreas adyacentes. Algunos de los dados oriundos de las voladuras realizadas en Teffé son presentadas en la tabla 6.2. En Itapema, la torre del fuerte de Itapema – construcción de carácter histórico –, fue la principal estructura localizada en las áreas adyacentes a las voladuras. La tabla 6.3 presenta los principales parámetros descriptivos de las voladuras realizadas en Itapema. En ambas áreas, se han utilizados 5 sismógrafos del tipo VibraZEB VM-7D, dispuestos como se indican en las figuras 6.2 y 6.3.

Tabla 6.2: Informaciones de las voladuras realizadas en la piedra de Teffé, en Santos.

Nº Voladura		**Explosivo**	**D** (mm)	**B** (m)	**S** (m)	**Hb** (m)	**Lt** (m)	**MIC** (kg)
S-TB-001	Prueba	Valex	102	-	-	2.5	1.0	6.7
S-TB-002	Prueba	Valex	102	-	-	2.5	1.0	13.4
S-TB-003	Prueba	Valex	102	-	-	2.5	1.0	20.1
S-TB-004	Prueba	Valex	102	4.1	4.1	4.9	1.0	57.6

S-TB-005	Prueba	-	-	-	-	-	-	-
S-TB-005b	Prueba	-	-	-	-	-	-	-
S-PB-006	Producción	Valex	102	2.5	2.5	3.2	1.0	22.3
S-PB-007	Producción	Valex	102	2.5	2.5	3.3	1.0	28.6
S-PB-008	Producción	Valex	102	2.5	2.5	2.8	1.0	20.8
S-PB-009	Producción	Valex	102	2.5	2.5	2.5	1.0	19.2
S-PB-010	Producción	Valex	102	2.5	2.5	2.2	1.0	11.4
S-PB-011	Producción	HIDROGEL	102	3.0	3.0	4.3	1.0	68.9
S-PB-012	Producción	-	-	-	-	-	-	-
S-PB-012a	Producción	-	-	-	-	-	-	-
S-PB-012b	Producción	-	-	-	-	-	-	-
S-PB-013	Producción	HIDROGEL	102	3.0	3.0	4.6	1.0	69.9
S-PB-014	Producción	HIDROGEL	140	3.0	4.2	4.5	1.0	88.9
S-PB-015	Producción	-	-	-	-	-	-	-
S-PB-015b	Producción	-	-	-	-	-	-	-
S-PB-016	Producción	HIDROGEL	140	3.0	4.2	4.6	1.0	81.9
S-PB-017	Producción	HIDROGEL	140	3.0	4.2	4.2	1.0	100.9
S-PB-018	Producción	HIDROGEL	140	3.0	4.2	4.2	1.0	81.9
S-PB-019	Producción	Valex	102	2.5	2.5	3.4	1.0	22.3
S-PB-020	Producción	Valex	102	2.5	2.5	2.7	1.0	23.9
S-PB-021	Producción	Valex	102	2.5	2.5	5.8	1.0	11.4

Figura 6.3. Disposición de los sismógrafos en la comunidad de Vicente de Carvalho, Guarujá, São Paulo, durante los trabajos de voladura subacuáticas en la piedra de Teffé.

Tabla 6.3: Informaciones de las voladuras realizadas en la piedra de Itapema, en Santos.

Nº Voladura		**Explosivo**	**D** (mm)	**B** (m)	**S** (m)	**Hb** (m)	**Lt** (m)	**MIC** (kg)
S-TB-023	Prueba	HIDROGEL	102	-	-	3.5	1.0	30.9
S-TB-024	Prueba	HIDROGEL	102	-	-	6.0	1.0	60.9
S-PB-027	Producción	HIDROGEL	102	3.0	3.0	3.3	1.0	48.9
S-PB-028	Producción	HIDROGEL	102	3.0	3.0	3.5	1.0	62.5
S-PB-029	Producción	HIDROGEL	140	3.0	4.2	5.3	1.0	102.5
S-PB-030	Producción	HIDROGEL	140	3.0	4.2	6.3	1.0	94.5
S-PB-031	Producción	HIDROGEL	140	3.0	4.2	6.3	1.0	93.6
S-PB-032	Producción	HIDROGEL	140	3.0	4.2	4.8	1.0	77.6

6.2 Análisis Sísmico de las voladuras Subacuáticas

En las secciones que se siguen, se presentarán los análisis de los efectos sísmicos generados por las detonaciones subacuáticas de cargas confinadas en barrenos. Estos análisis permitirán observar distintos aspectos del fenómeno, su cuantificación y predicción, basándose en los siguientes pasos:

(i) Caracterización de las voladuras. Geología, características del diseño de la voladura, geometría de los barrenos, tiempos de retardo y secuencia de iniciación aplicados, cargas máximas instantáneas y distancias de las detonaciones hasta los puntos de observación;

(ii) Condicionamiento de las historias temporales obtenidas de los sismógrafos. Reducción de la frecuencia de muestreo y aplicación de filtros.

(iii) Análisis estadístico para la obtención de las leyes de atenuación del terreno para los desplazamientos, velocidades y aceleraciones de partículas en las tres direcciones – vertical, longitudinal y transversal.

(iv) Estimación de los rangos de las frecuencias dominantes de las voladuras.

(v) Cálculo de los factores de amplificación para las velocidades, desplazamientos y aceleraciones, basados en el cálculo de los espectros de respuesta de pseudo-velocidad.

(vi) Identificación de los posibles efectos generados por la contribución de las ondas hidrodinámicas en la composición espectral de Fourier y del espectro de respuesta.

6.2.1 Acondicionamiento de los registros

Los registros medidos en los puntos de observación en tierra fueron historias temporales de velocidades de partículas, discretizados con una frecuencia de muestreo de 2048Hz, que implica una frecuencia de Nyquist de 1024Hz.

Debido a que los fenómenos sísmicos generados por detonaciones de cargas explosivas normalmente no presentan energía relevante en bandas de altas frecuencias, se ha realizado una reducción de la frecuencia de muestreo para 1024Hz utilizando el comando *decimate* de MATLAB, obteniendo una nueva frecuencia de Nyquist de 512 Hz. En la continuación, se ha aplicado un filtro paso alto Butterworth de quinto orden, con frecuencia de corte de 2 y 3 Hz, para los registros obtenidos en los sismógrafos ZEB y Instantel, respectivamente.

En seguida, las historias temporales de aceleraciones de partículas fueron calculadas por derivación numérica, a través de método de diferencias progresivas, que requiere el uso de esquemas de diferencias finitas. Lo que significa decir que

$$\ddot{u}(t_i) = \frac{\dot{u}(t_{i+1}) - \dot{u}(t_i)}{t_{i+1} - t_i} \tag{6.1}$$

Por otro lado, la historia temporal de desplazamientos de partículas fue obtenida por técnicas de integración numérica, a través del método del trapecio. Luego

$$u(t_i) = u(t_{i-1}) + \Delta t \dot{u}(t_{i+1}) + \frac{\Delta t^2}{2}\ddot{u}(t_{i-1}) + \frac{\Delta t^3}{6}\ddot{u}(t_{i-1}) \tag{6.2}$$

donde $\ddot{u}$ es la historia temporal de las aceleraciones; $\dot{u}$ es la historia temporal de las velocidades; u es la historia temporal de los desplazamientos; t es el tiempo.

6.2.2 Predicción del movimiento

La predicción de los desplazamientos, velocidades y aceleraciones de partículas asociados a las voladuras pueden ser estudiadas relacionándolas con las cargas operantes, distancias entre los disparos y punto de observación y propiedades del medio. En el estudio, las velocidades de partículas fueron medidas directamente con geófonos triaxiales mientras que los desplazamientos y aceleraciones fueron obtenidos por integración y derivación numérica, respectivamente.

En seguida, se analiza el comportamiento de estos parámetros frente a la distancia escalonada cúbica, en el cual se contempla propiedades elásticas del medio de propagación, como la densidad y velocidad de la onda sísmica. Luego, su forma general es

$$SD = (\rho C^2)^{1/3}\frac{R}{W^{1/3}} \tag{6.3}$$

donde ρ es la densidad y C velocidad sísmica del medio; R es la distancia y W la carga máxima instantánea.

La roca volada en el proyecto de Santos es un granito de buena calidad y dureza, aunque tenga sufrido con la acción del agua, debilitándola en el pasar de los años. De la literatura, se aproxima sus propiedades a $\rho = 2600\, kg/m^3$ y $C_P = 4500\, m/s$.

Aplicando el teorema Pi de Buckingham, que trata del análisis adimensional, comparamos los parámetros adimensionales relacionados con los desplazamientos, velocidades y aceleraciones con la distancia escalonada cúbica en una gráfica log-

log. Aplicando una regresión lineal con el método de los mínimos cuadrados, obtenemos la correlación entre los parámetros adimensionales del análisis.

6.2.2.1 Predicción de los desplazamientos

La forma adimensional aplicada a los desplazamientos es del tipo

$$dim = \frac{u}{R} \tag{6.4}$$

Luego, al equiparar el parámetro adimensional con la distancia escalonada cúbica, obtendremos los coeficientes K_1 y α_1

$$\frac{u}{R} = K_1 \left[(\rho C^2)^{1/3} \frac{R}{W^{1/3}} \right]^{\alpha_1} \tag{6.5}$$

que se podrá escribir de la forma

$$u = K_1 R (\rho C^2)^{\frac{\alpha_1}{3}} \left(\frac{R}{W^{1/3}} \right)^{\alpha_1} \tag{6.6}$$

donde los coeficientes K_1 y α_1 son obtenidos estadísticamente.

Del análisis de regresión lineal por el método de los mínimos cuadrados, aplicada al conjunto de datos obtenidos en el proyecto, llegamos la siguiente expresión para la predicción de los desplazamientos pico de partículas, esperadas para las voladuras de la piedra de Teffé (figura 6.4), específicamente para su componente vertical

$$u = 3325.7\, R (\rho C^2)^{\frac{-1.948}{3}} \left(\frac{R}{W^{1/3}} \right)^{-1.948} \tag{6.7}$$

donde u es el desplazamiento de partícula (mm); R es la distancia de la voladura hasta el punto de observación (m); W es la carga máxima instantánea (kg); ρ, C son las densidades (kg/m^3) y la velocidad de las Ondas P (m/s) del medio, respectivamente.

De la misma forma, para la piedra de Itapema (figura 6.5), se obtiene

$$u = 38887\, R (\rho C^2)^{\frac{-2.354}{3}} \left(\frac{R}{W^{1/3}} \right)^{-2.354} \tag{6.8}$$

Finalmente, al estudiar los datos obtenidos en Panamá (figura 6.6), se llega a la siguiente ley de atenuación

$$u = 31209\, R (\rho C^2)^{\frac{-2.219}{3}} \left(\frac{R}{W^{1/3}} \right)^{-2.219} \tag{6.9}$$

Como las distancias escalonadas consideran propriedades del medio de propagación, es posible representar todos los dados en una sola ley de atenuación. Así, que, al combinar los datos analizados entre los dos proyectos (figura 6.7), llegamos a una ley de atenuación más generalizada, dada por la siguiente expresión

$$u = 1128.6\, R (\rho C^2)^{\frac{-1.714}{3}} \left(\frac{R}{W^{1/3}} \right)^{-1.714} \tag{6.10}$$

donde u es el desplazamiento de partícula (mm); R es la distancia de la voladura hasta el punto de observación (m); W es la carga máxima instantánea (kg); ρ, C son las densidades (kg/m^3) y la velocidad de las ondas P (m/s) del medio, respectivamente.

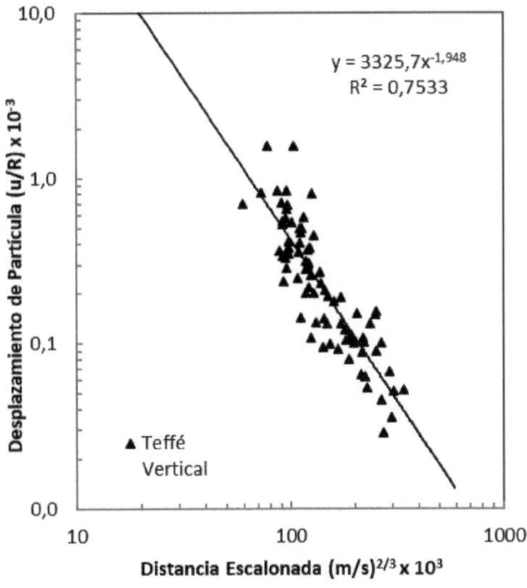

Figura 6.4. Desplazamiento pico de partículas de la componente vertical. Piedra de Teffé, Santos.

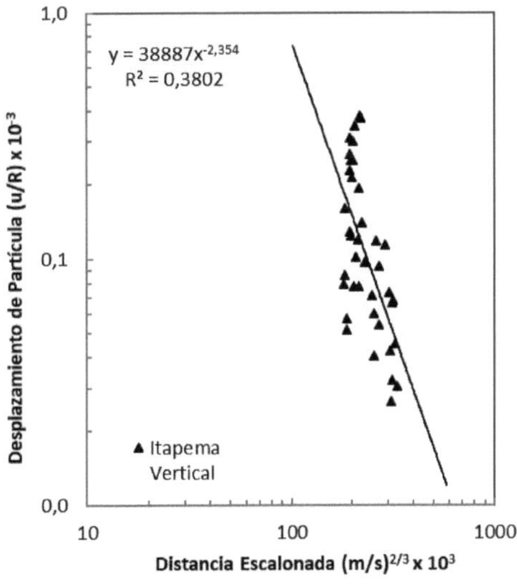

Figura 6.5. Desplazamiento pico de partículas de la componente vertical. Piedra de Itapema, Santos.

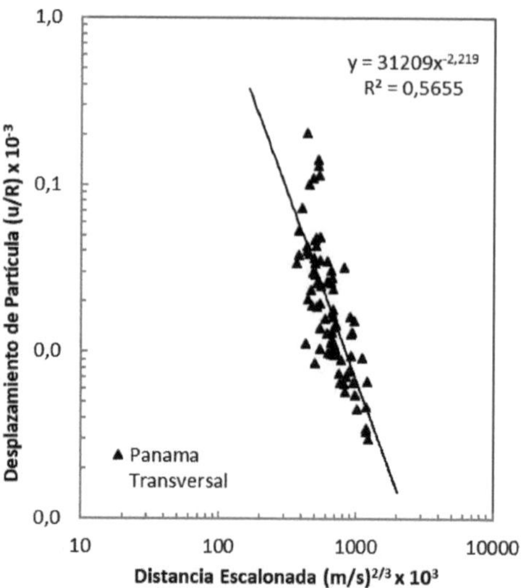

Figura 6.6. Desplazamiento pico de partículas de la componente transversal. Canal de Panamá, Panamá.

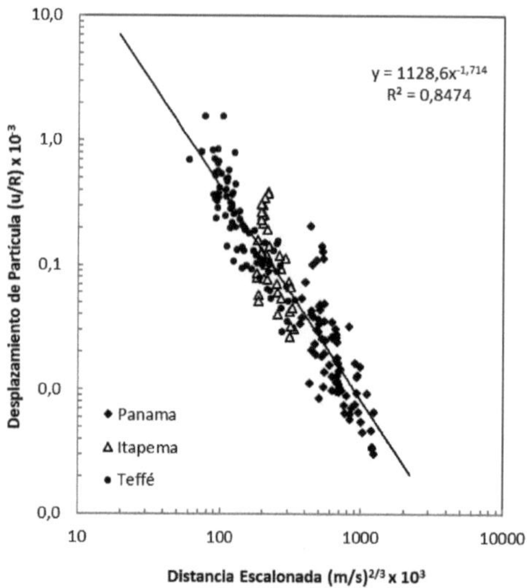

Figura 6.7. Representación global de los datos obtenidos para los dos proyectos, Santos (Teffé y Itapema) y Panamá.

Como resultado, se observa que los desplazamientos de partícula se atenúan rápidamente con la distancia, con un factor de $1/R^{0.948}$ en la piedra de Teffé mientras que para la piedra de Itapema fue $1/R^{1.354}$. De forma global, la atenuación de los desplazamientos pico de partículas con la distancia $1/R^{0.714}$ es más lenta que la obtenida por Dowding (1985) de $1/R^{1.1}$ para voladuras en superficie.

6.2.2.2 Predicción de las velocidades pico de partículas

La forma propuesta por Dowding (1985) para el estudio adimensional aplicado a las velocidades de partícula es del tipo

$$dim = \frac{\dot{u}}{C} \tag{6.11}$$

donde C es la velocidad sísmica del medio.

Sin embargo, al considerar que los espectros de frecuencia y respuesta son sensibles a los tiempos de retardos aplicados a la voladura, se propone un parámetro adimensional que incorpora el tiempo de retardo aplicado a los barrenos que componen la misma fila de barrenos. Luego, el nuevo parámetro adimensional es

$$dim = \frac{\dot{u} t_r}{R} \tag{6.12}$$

donde t_r es el tiempo de retardo entre barrenos.

Luego, al equiparar el parámetro adimensional con la distancia escalonada cúbica, obtendremos los coeficientes K_2 y α_2

$$\dot{u} = K_2 \frac{R}{t_r} (\rho C^2)^{\frac{\alpha_2}{3}} \left(\frac{R}{W^{1/3}}\right)^{\alpha_2} \tag{6.13}$$

donde los coeficientes K_2 y α_2 son obtenidos estadísticamente.

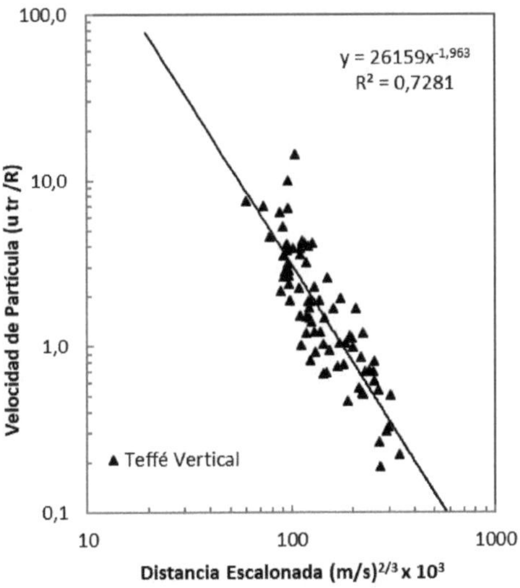

Figura 6.8. Velocidades pico de partículas de la componente vertical. Piedra de Teffé.

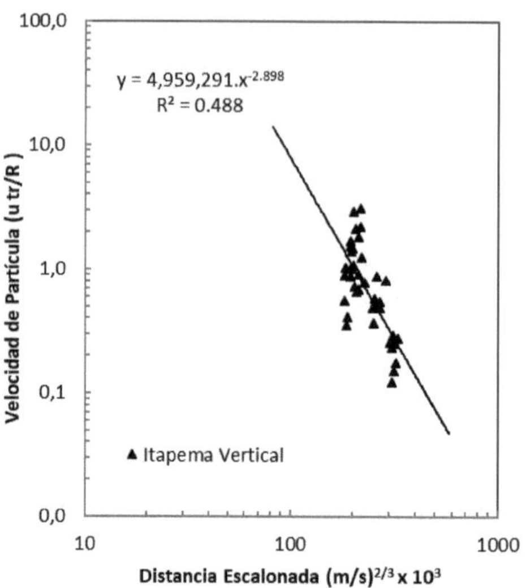

Figura 6.9. Velocidades pico de partículas de la componente vertical. Piedra de Itapema.

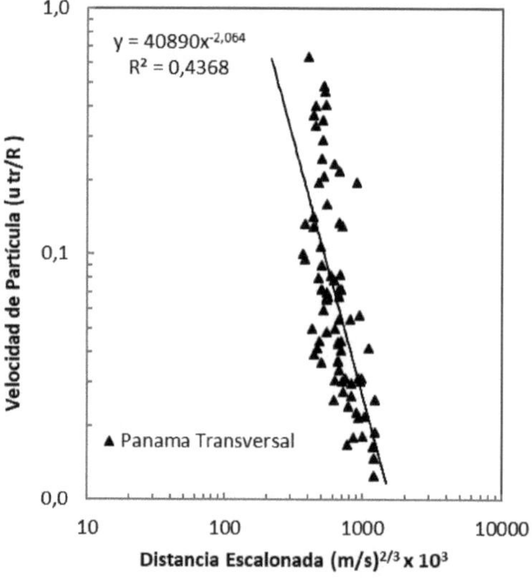

Figura 6.10. Velocidades pico de partículas de la componente transversal. Canal de Panamá, Panamá.

De forma similar al cálculo de los desplazamientos, aplicando una regresión lineal por el método de los mínimos cuadrados, obtenemos las siguientes expresiones para la predicción de las velocidades pico de partículas en la piedra de Teffé (figura 6.8)

$$\dot{u} = 26159\frac{R}{t_r}(\rho C^2)^{\frac{-1.963}{3}}\left(\frac{R}{W^{1/3}}\right)^{-1.963} \tag{6.14}$$

y la piedra de Itapema (figura 6.9)

$$\dot{u} = 4959291\frac{R}{t_r}(\rho C^2)^{\frac{-2.898}{3}}\left(\frac{R}{W^{1/3}}\right)^{-2.898} \tag{6.15}$$

donde $\dot{u}$ es la velocidad pico de partícula (mm/s); R es la distancia de la voladura hasta el punto de observación (m); t_r es el tiempo de retardo aplicado a los barrenos co-lineares de la misma línea (ms); W es la carga máxima instantánea (kg); y ρ, C son las densidades (kg/m^3) y la velocidad de las ondas P (m/s) del medio, respectivamente.

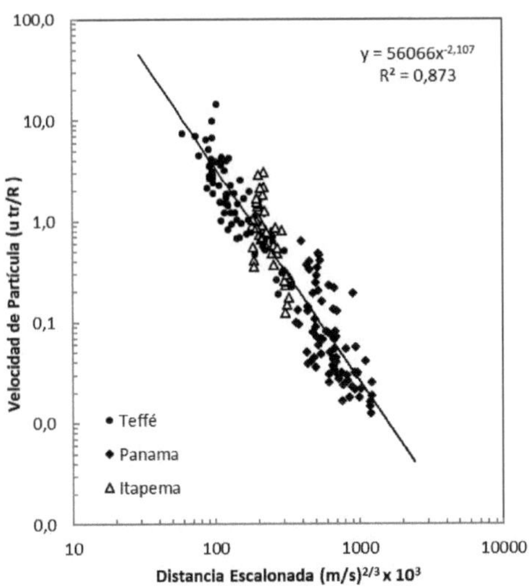

Figura 6.11. Representación global de los datos obtenidos para los dos proyectos, Santos (Teffé y Itapema) y Panamá.

Al estudiar los datos obtenidos en Panamá, se llega a la siguiente ley de atenuación (figura 6.10)

$$\dot{u} = 40890\frac{R}{t_r}(\rho C^2)^{\frac{-2.064}{3}}\left(\frac{R}{W^{1/3}}\right)^{-2.064} \tag{6.16}$$

y al combinar los datos analizados entre los dos proyectos (figura 6.11), llegamos a una ley de atenuación más generalizada, dada por

$$\dot{u} = 56066\frac{R}{t_r}(\rho C^2)^{\frac{-2.107}{3}}\left(\frac{R}{W^{1/3}}\right)^{-2.107} \tag{6.17}$$

donde $\dot{u}$ es la velocidad pico de partícula (mm/s); t_r es el tiempo de retardo aplicado a los barrenos co-lineares de la misma línea (ms).

Analizando los resultados obtenidos del análisis global de la atenuación de las velocidades pico de partícula, se observa que los picos de velocidades se atenúan en un factor de $1/R^{1.107}$, que es más lento del factor obtenido por Dowding (1985) para voladuras en superficie $1/R^{1.46}$. Sin embargo, los datos de la piedra de Itapema sugieren una atenuación más acentuada, llegando a una razón de $1/R^{1.898}$.

6.2.2.3 Predicción de las aceleraciones pico de partículas

El parámetro adimensional propuesto por Dowding (1985) para el estudio adimensional de las aceleraciones de partícula depende de la distancia y del cuadrado de la velocidad sísmica del terreno. Sin embargo, se ha observado que una gran dispersión de los datos se presentaba cuando se aplicaba este parámetro adimensional. Con esta motivación, se ha propuesto un parámetro adimensional alternativo, que incorpora el cuadrado del retardo entre barrenos. Por lo tanto, el parámetro adimensional usado en el estudio de las aceleraciones pico de partícula se torna

$$dim = \frac{\ddot{u}t_r^2}{R} \tag{6.18}$$

luego, al equipararla con la distancia escalonada cubica, obtendremos los coeficientes K_3 y α_3

$$\ddot{u} = K_3 \frac{R}{t_r^2} (\rho C^2)^{\frac{\alpha_3}{3}} \left(\frac{R}{W^{1/3}}\right)^{\alpha_3} \tag{6.19}$$

donde los coeficientes K_3 y α_3 son obtenidos estadísticamente.

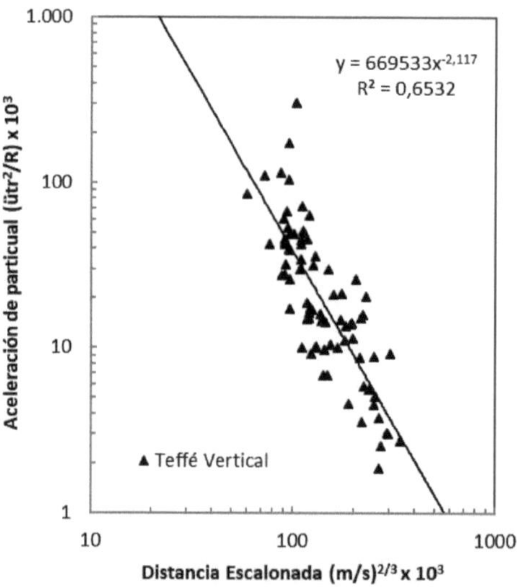

Figura 6.12. Aceleraciones pico de partículas de la componente vertical. Piedra de Teffé, Santos.

Después de realizar la regresión lineal por el método de los mínimos cuadrados, obtenemos las siguientes expresiones para la predicción de las aceleraciones pico de partículas en la piedra de Teffé (figura 6.12)

$$\ddot{u} = 669533\ \frac{R}{t_r^2}(\rho C^2)^{\frac{-2.117}{3}}\left(\frac{R}{W^{1/3}}\right)^{-2.117} \tag{6.20}$$

e Itapema (figura 6.13)

$$\ddot{u} = 59628427\frac{R}{t_r^2}(\rho C^2)^{\frac{-2.938}{3}}\left(\frac{R}{W^{1/3}}\right)^{-2.938} \tag{6.21}$$

donde $\ddot{u}$ es la aceleración pico de partícula (mm/s^2); R es la distancia de la voladura hasta el punto de observación (m); g es la aceleración de la gravedad (m/s^2); W es la carga máxima instantánea (kg); y ρ, C son las densidades (kg/m^3) y la velocidad de las ondas P (m/s) del medio, respectivamente.

Es una práctica común medir la aceleración en unidades de la aceleración de la gravedad; por lo tanto, al dividir la ecuación (6.20) y (6.21) por g, obtenemos la expresión para la aceleración pico de partícula para Teffé e Itapema, respectivamente

$$\ddot{u} = 4.47\frac{R}{t_r^2}(\rho C^2)^{\frac{-1.977}{3}}\left(\frac{R}{W^{1/3}}\right)^{-1.977} \tag{6.22}$$

$$\ddot{u} = 6080\frac{R}{t_r^2}(\rho C^2)^{\frac{-2.938}{3}}\left(\frac{R}{W^{1/3}}\right)^{-2.938} \tag{6.23}$$

donde $\ddot{u}$ es la aceleración pico de partícula (g).

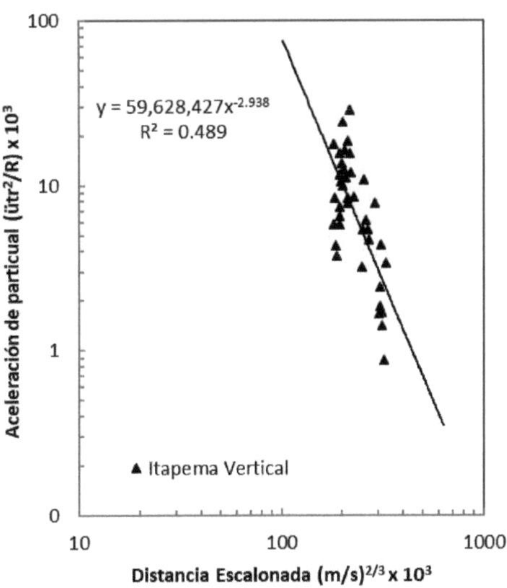

Figura 6.13. Aceleraciones pico de partículas de la componente vertical. Piedra de Itapema, Santos.

De la misma forma, se ha analizado las aceleraciones pico de partículas obtenidas en el proyecto de voladuras subacuáticas realizadas en el Canal de Panamá (figura 6.14). Luego, como resultado del análisis estadístico, se obtiene la siguiente ley de atenuación

$$\ddot{u} = 224736\frac{R}{t_r^2}(\rho C^2)^{\frac{-1.915}{3}}\left(\frac{R}{W^{1/3}}\right)^{-1.915} \quad (6.24)$$

y al combinar los datos analizados entre los dos proyectos (figura 6.15), llegamos a una ley de atenuación más generalizada, dada por

$$\ddot{u} = 364830\frac{R}{t_r^2}(\rho C^2)^{\frac{-1.994}{3}}\left(\frac{R}{W^{1/3}}\right)^{-1.994} \quad (6.25)$$

donde $\ddot{u}$ es la aceleración pico de partícula (mm/s²); g es la aceleración de la gravedad (m/s²).

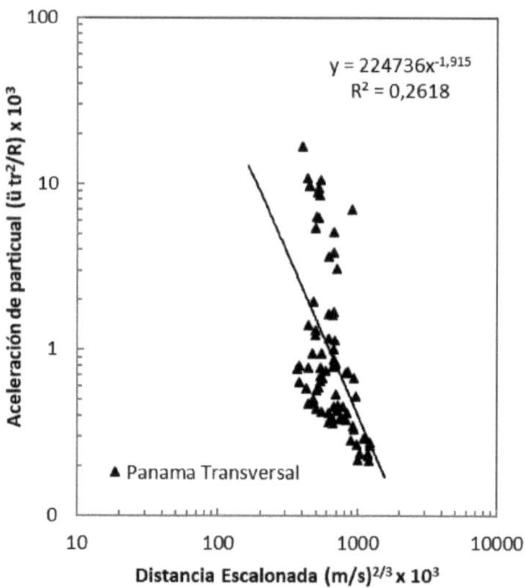

Figura 6.14. Aceleraciones pico de partículas de la componente transversal. Canal de Panamá, Panamá.

Los factores de atenuación de las aceleraciones son $1/R^{1.117}$, $1/R^{1.938}$ y $1/R^{0.915}$ para Teffé, Itapema y Panamá, respectivamente. Sin embargo, el factor del análisis global de los datos sugiere una atenuación del orden de $1/R^{0.994}$, que es sensiblemente menor que la obtenida por Dowding (1985) $1/R^{1.84}$. Los datos sugieren que la atenuación de las aceleraciones de partículas en voladuras subacuáticas es más lenta que en voladuras en superficie.

Al comparar los factores de atenuación obtenidos de los análisis globales, se observa que las velocidades pico de partículas se atenuación a un factor de $1/R^{1.107}$, o sea, se atenúan más rápidamente que los desplazamientos $1/R^{0.714}$ y aceleraciones $1/R^{0.994}$. Sin embargo, el desplazamiento se atenúa aún más despacio que las aceleraciones.

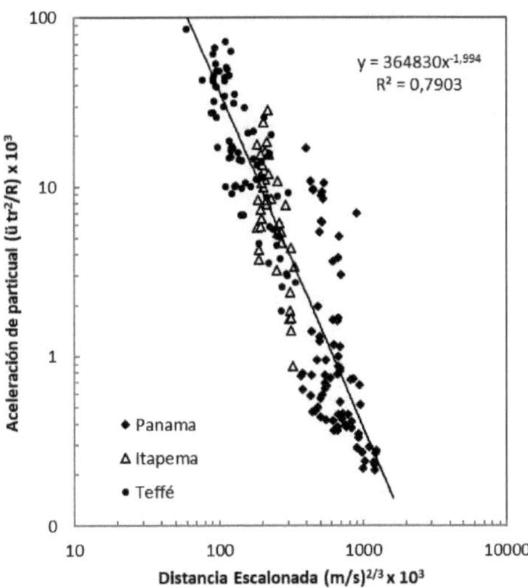

Figura 6.15. Representación global de los datos obtenidos para los dos proyectos, Santos (Teffé y Itapema) y Panamá.

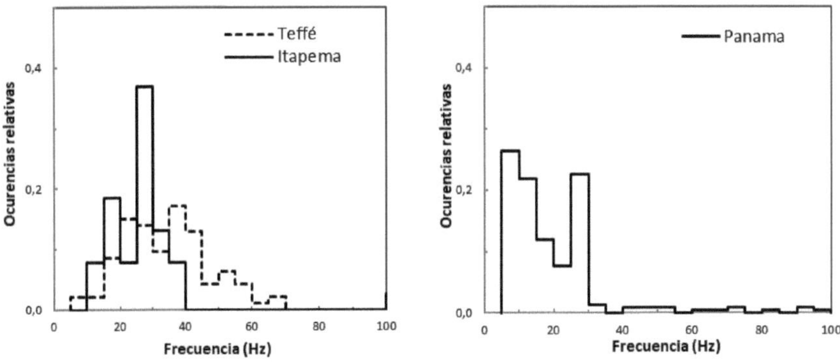

Figura 6.16. Histogramas de frecuencias asociadas a las voladuras subacuáticas en proyectos de Santos (Teffé y Itapema) y Panamá. Se aprecia una gran concentración de bajas frecuencias en el proyecto de Panamá, segunda por la de Itapema, y luego, por la de Teffé.

Del análisis de los espectros de frecuencias de Fourier, resultantes de las historias temporales de las velocidades de partículas, se ha obtenido unos histogramas de frecuencias dominantes (figura 6.16) asociadas a las voladuras subacuáticas realizadas en cada uno de los proyectos. Se observa una gran concentración de bajas frecuencias asociadas a las voladuras realizadas en el Canal de Panamá. Tiene sentido, una vez que la distancia absoluta a los puntos de observación es mucho mayor que las observadas en Santos. Además, en el proyecto de Panamá, no se ha aplicado medidas mitigadoras, como cortinas de burbujas para atenuar las presiones hidráulicas, lo que puede haber contribuido a la presencia de componentes energéticas de baja frecuencia. En Teffé, las frecuencias se muestran relativamente altas, lo que es el resultado de la proximidad de las voladuras a los puntos de observación, lo que en Itapema, por tener estos puntos un poco más distantes, ya presenta señales que componentes de menor frecuencia, en comparación con Teffé.

6.2.3 Espectros de Respuesta: Voladuras Subacuáticas

Chopra (1995) afirma que una de las más significativas e importantes aplicaciones de la teoría de la dinámica estructural es el análisis de la respuesta de las estructuras bajo un movimiento del terreno causado por un terremoto. No obstante, hasta los años 80, muy poca investigación se había publicado sobre técnicas de dinámica estructural en el campo de las voladuras de roca con explosivos. La aplicación de los conceptos de la respuesta estructural en la prevención de daños y dimensionamiento de las voladuras viene incrementando en los últimos años.

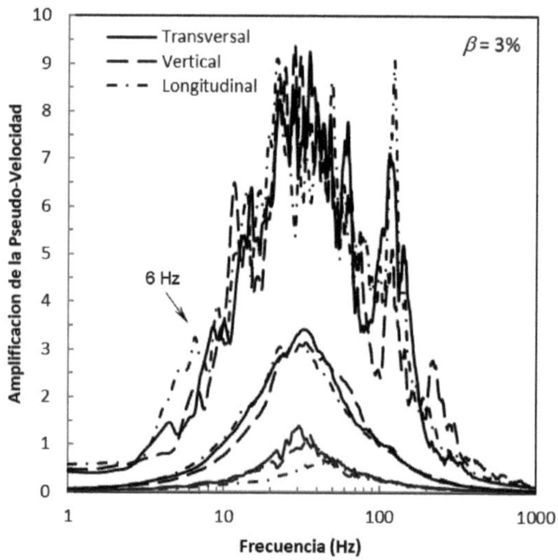

Figura 6.17. Limites superior, inferior y promedio de las amplificaciones de pseudo-velocidades. Voladuras subacuáticas de la piedra de Teffé, en Santos.

El monitoreo de la respuesta estructural es un indicador crítico del potencial de daño asociado a una acción sísmica (Siskind, 1981). Sin embargo, aunque la energía liberada en las detonaciones de cargas explosivas sea extremamente menor que en los terremotos, las distancias a las estructuras pueden ser relativamente pequeñas. En estas circunstancias, las vibraciones generadas por las voladuras ganan un relevo de importancia significativa. Al analizar la respuesta estructural de 22 residencias bajo la acción sísmica de una variedad de fuentes energéticas, como voladuras en minería y construcción civil, Langan (1980) ha comprobado que la respuesta estructural se correlaciona mejor con la respuesta calculada de un sistema de un grado de libertad que del con el movimiento del terreno (Dowding, 1985).

En este trabajo, se han calculado 122 espectros de respuesta considerando un amortiguamiento crítico de 3% para cada una de las tres direcciones – vertical, longitudinal y transversal – del registro obtenidos durante las voladuras subacuáticas realizadas en la piedra de Teffé, en Santos. Luego, se ha tomado los límites superiores, inferiores y el promedio de las pseudo-velocidades espectrales para cada una de las frecuencias analizadas (figura 6.17).

La primera conclusión es la amplia variación del rango de las frecuencias dominantes espectrales. Los contornos superiores del espectro de pseudo-velocidad presentan un rango de frecuencias dominantes superiores a las observadas en los límites inferiores. En consecuencia, las frecuencias dominantes espectrales asociadas a los picos de pseudo-velocidad varían desde 24.51Hz hasta 43.02Hz. Por otro lado, al observar el espectro de respuesta en el límite superior de la dirección transversal y longitudinal, se percibe unos picos de pseudo-velocidad secundarios en el rango de frecuencias menores que 10Hz, que pueden estar relacionadas con las componentes energéticas de baja frecuencia de las ondas hidrodinámicas.

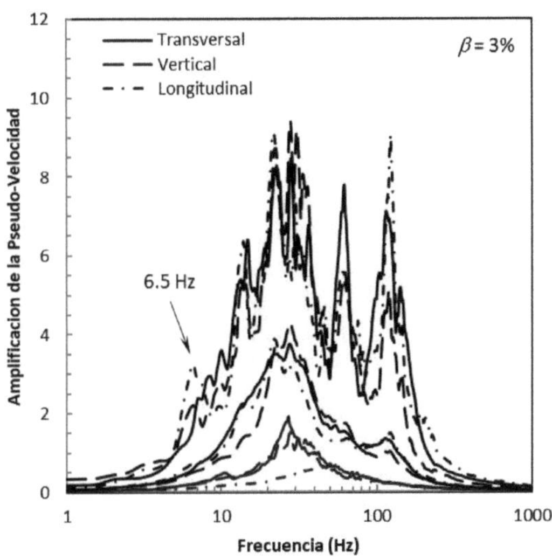

Figura 6.18. Limites superior, inferior y promedio de las amplificaciones de pseudo-velocidades. Voladuras subacuáticas de la piedra de Itapema, en Santos.

El mismo comportamiento se ha observado durante el análisis de los 39 espectros de respuesta de las pseudo-velocidades espectrales obtenidos durante las voladuras en la piedra de Itapema (Figura 6.18). Sin embargo, la dirección longitudinal ha presentado una mayor contribución energética en la zona de frecuencias menores que 10Hz.

No obstante, las voladuras subacuáticas llevadas a cabo durante los trabajos de excavación del Canal de Panamá, evidencian los violentos efectos generados, posiblemente, por las ondas hidrodinámicas en las bandas de bajas frecuencias. Distintamente de las voladuras subacuáticas del proyecto de Santos, las de Panamá no se han aplicado medidas mitigatorias para las ondas hidrodinámicas – como las cortinas de burbujas –, lo que favoreció a que una mayor cantidad de energía se viera propagándose por el medio acuático. Además, en muchas ocasiones, se realizaban la carga del explosivo hasta el emboquille del barreno, poniendo el material de retacado en la zona que comprendía la fina capa de material orgánico que cubría el lecho rocoso. Al mismo tiempo, las distancias absolutas entre las detonaciones y los puntos de observación – que variaran entre 424m a 1254m – eran significativamente superiores que las practicadas en Santos, incrementando los desfases temporales entre las ondas hidrodinámicas y las que se propagan por el medio sólido.

Se representa los contornos espectrales de respuesta mínimos, promedios y máximos observados en las tres direcciones, transversal, vertical y longitudinal, de los 79 registros analizados (figura 6.19). Los picos secundarios en la zona de frecuencias menores que 15Hz es avasalladoramente superior a las observadas en Santos. La combinación entre mayores desfases temporales y amplitudes de las ondas hidrodinámicas favorecieron la presencia de frecuencias dominantes secundarias en zonas de bajas frecuencias.

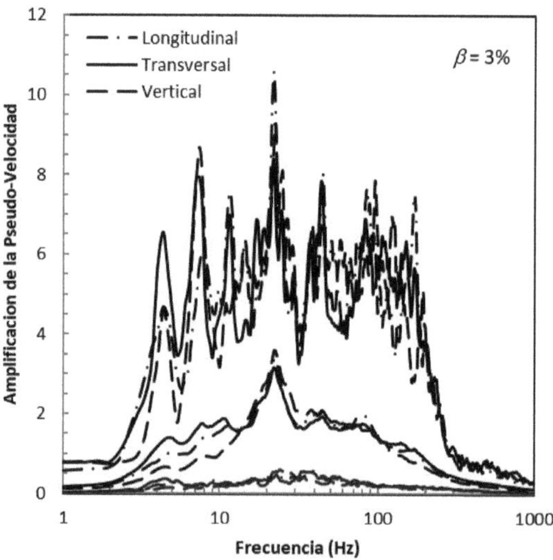

Figura 6.19. Limites superior, inferior y promedio de las amplificaciones de pseudo-velocidades de partícula. Voladuras subacuáticas de las obras de ampliación del Canal de Panamá.

6.2.4 Variación de la Forma y Contornos del Espectro de Respuesta

Los contornos dominantes de los espectros de respuesta de pseudo-velocidades sufren cambios significativos de acuerdo con la combinación de algunos factores como medio de propagación, tiempos de retardos utilizados en la secuenciación de los barrenos, presencia de frecuencias de resonancias naturales específicas del sitio y la distancia donde se ha tomado la medición del evento sísmico. Además, se puede incorporar en la lista de factores que influencian la forma del espectro, los efectos de las ondas de choque hidrodinámicas cuando estas se presentan significativamente convolucionadas a la historia temporal de velocidades de partícula.

En 1942, fue publicado por el "*Bureau of Mines*" de los Estados Unidos de América el primero sumario sobre vibraciones generadas por voladuras, en el cual se habían examinado los niveles de los terremotos y su correspondiente intensidad de Mercalli para daños. Han concluido que esta forma de evaluación no se aplica a las voladuras (Siskind, 1981; Thoenen et al., 1942). La parcela de energía liberada por la detonación de una carga explosiva – en aplicaciones civiles –, que se manifiesta en forma de fenómenos sísmicos, es colosalmente menor que la constatada en los terremotos y explosiones nucleares. Inevitablemente, la forma de los contornos e intensidad de los espectros de respuestas calculados para terremotos son muy distintos de los obtenidos para voladuras.

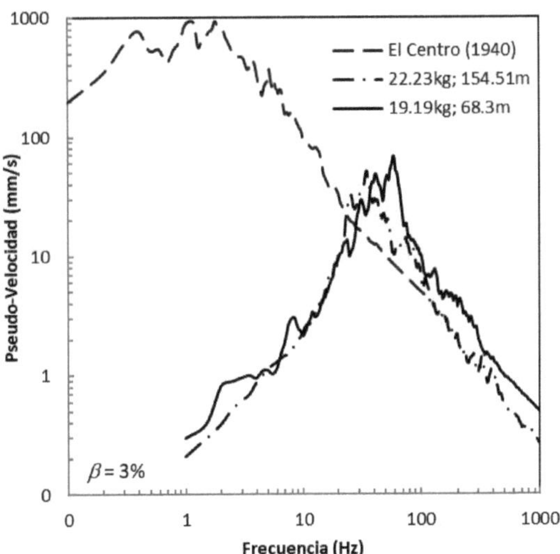

Figura 6.20. Espectros de respuesta para terremotos y voladuras subacuáticas. Voladuras presentan unas frecuencias dominantes típicamente mayores que las observadas en terremotos.

En la figura 6.20 se puede apreciar la comparación entre el famoso terremoto de

El Centro, Imperial Valley de 1940, y dos voladuras subacuáticas ST-PB-09 y ST-PB-019, con unas cargas máximas instantáneas de 19.19 y 22.23kg, detonadas con una secuenciación de micro-retardos, a unas distancias de 68.3 y 154.51m, respectivamente. Se puede observar que los terremotos presentan unas frecuencias dominantes muy bajas cuando comparadas con las frecuencias dominantes observadas en voladuras de roca con explosivos. La duración de los terremotos es muy alta, pudiendo llegar a muchas docenas de segundos, mientas que, en las voladuras, la duración suele estar en el rango de unos pocos segundos – o incluso, décimas de segundo. Por otro lado, los hipocentros de los terremotos normalmente están localizados a quilómetros de distancia, al paso que las distancias asociadas al área de influencia de las voladuras no suelen ser mayores de 1-2 km.

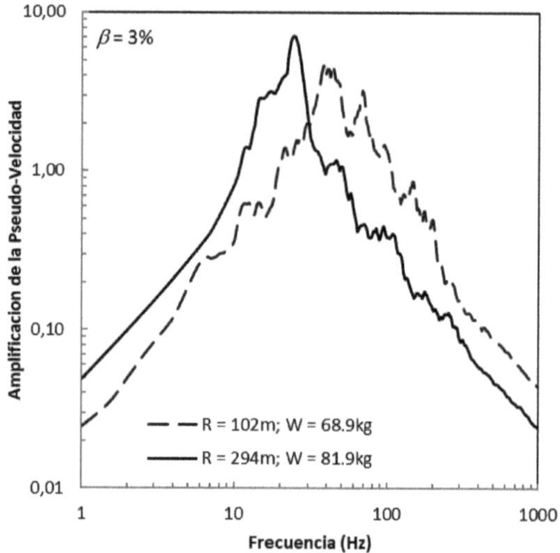

Figura 6.21. Cambio de la frecuencia espectral dominante con la variación de la distancia. Espectro de respuesta de la pseudo-velocidad normalizado por el pico de la velocidad de partícula del terreno de la dirección vertical, Teffé.

Uno de los factores que más influencian a la frecuencia dominante en las vibraciones generadas por voladuras es la distancia propagada por la onda. Como los materiales rocosos – y suelos en general – atenúan las altas frecuencias muy rápidamente, en zonas lejanas del centro de carga, normalmente se espera observar unas frecuencias más bajas. Al comparar dos espectros de respuesta de las voladuras ST-PB-011 y ST-PB-018 – de la piedra de Teffé – con cargas explosivas de mismo tipo, un hidrogel a granel de alta energía, y mismo sistema de iniciación, se observa que al incrementar la distancia de 102m para 294m – con distancias escalonadas variando de 93 a 253 – las frecuencias dominantes espectrales se atenúan de 37Hz para 23Hz (Figura 6.21).

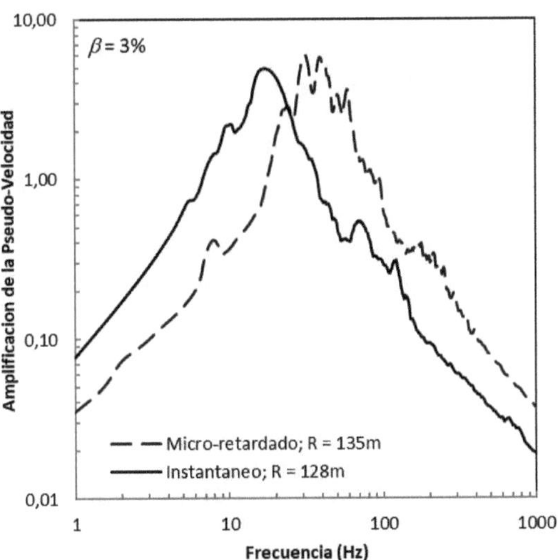

Figura 6.22. Cambio de la frecuencia dominante espectral con la aplicación de micro-retardos. Espectro de respuesta de la pseudo-velocidad normalizado por el pico de la velocidad de partícula del terreno de la dirección transversal, Teffé.

Dowding (1985) ha observado que los contornos de los espectros de respuesta dominantes de las pseudo-velocidades son afectados por los tiempos de retardos que se aplican a la voladura. Esto es consecuencia de la incorporación de las frecuencias resultantes de la secuenciación utilizada, que al combinarse con las frecuencias dominantes del terreno – estratos de suelo, agua y tipo de material rocoso – pueden ampliar el rango de frecuencias bajo el dominio de las velocidades.

La figura 6.22 presenta los espectros de respuesta normalizados por la velocidad pico de partícula de dos voladuras subacuáticas realizadas en la piedra de Teffé – ST-PB-001 y ST-PB-009 – y observadas a unas distancias absolutas similares, 128 y 135m, respectivamente. Se ha detonado un único barreno – barreno semilla o aislado – con 6.7kg de explosivo encartuchado a 128m desde el punto de observación, y una voladura de producción secuenciada con micro-retardos de 42ms – en barrenos colineales –, con una carga máxima instantánea de 19.19kg, monitoreada a una distancia de 135m. El resultado de la comparación de ambos espectros de respuesta evidencia como la liberación abrupta de energía sísmica en intervalos regulares – debido a los retardos – modifican las frecuencias dominantes de los espectros. La frecuencia dominante de la detonación instantánea fue de 16Hz, que es una frecuencia relativamente baja, probablemente influenciada por las propiedades del medio de propagación, al paso que la frecuencia dominante observada en la voladura micro-secuenciada fue de 30Hz.

Al contrario de los terremotos – que típicamente movilizan energía en un gran abanico de bajas frecuencias –, los espectros de respuesta de voladuras normalmente presentan un solo pico significante (Dowding, 1985). No obstante, se ha podido observar en algunos de los espectros de las voladuras, la presencia de un pico secundario – de relativa importancia – en el rango de bajas frecuencias. El incremento de energía en bajas frecuencias promueve un incremento de las amplitudes de los desplazamientos, aunque los niveles de velocidad pico de partícula observadas en el terreno no hayan cambiado demasiado. Este fenómeno puede ser consecuencia del aporte energético en bandas de bajas frecuencias por la incidencia de las ondas hidrodinámicas, que amplía el rango de frecuencias dominadas por las velocidades de partícula debido la presencia de un segundo pico dominante en zonas de baja frecuencia.

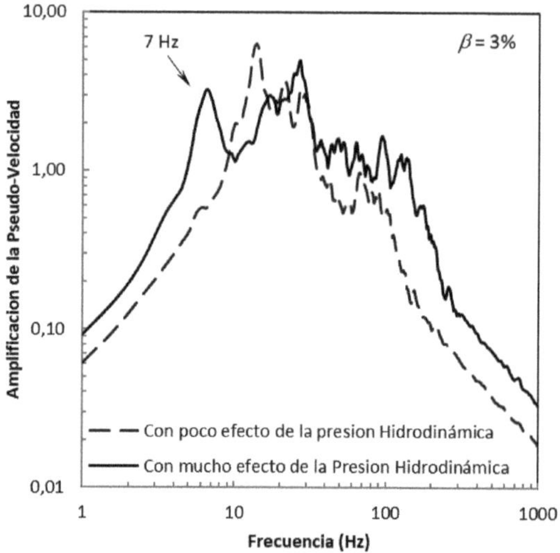

Figura 6.23. Efecto de la presión hidrodinámica en el espectro de respuesta. Un pico secundario surge en el rango de bajas frecuencias, ampliando el rango. Espectro de respuesta de la pseudo-velocidad normalizado por el pico de la velocidad de partícula del terreno de la dirección longitudinal, Itapema.

Aunque en las voladuras subacuáticas del proyecto de Santos se hayan aplicado medidas mitigadoras para atenuar los efectos de las ondas hidrodinámicas – como cortinas de burbujas –, en algunas voladuras, sin embargo, fue posible observar su presencia y como afectan a las frecuencias. La figura 6.23 ilustra los espectros de respuesta de dos detonaciones subacuáticas realizadas durante la fase de las voladuras de producción en la piedra de Itapema, en Santos. La voladura SI-PB-027 – en que se observa el segundo pico dominante en bajas frecuencias – fue detonada a 285m de distancia al punto de monitoreo con una carga máxima instantánea de 48.90kg al paso que, en la segunda, SI-PB-030, fue detonada 94.45kg a 272m del punto de observación. La ubicación del sismógrafo durante la voladura SI-PB-030 no permitía que las ondas hidrodinámicas incidieran directamente al sitio, al contrario de la SI-PB-027, en que las ondas pudieran incidir directamente sobre el muelle, donde estaba ubicado el sismógrafo.

Aparentemente, los picos de frecuencias asociados a las ondas de choque hidráulicas están vinculados al retraso temporal entre la llegada de las ondas sísmicas que se propagan por el terreno y las ondas hidrodinámicas, que se propagan por el agua. Aplicando la ecuación (5.22) – que estima el retraso temporal de la llegada de las ondas hidrodinámicas –, y asumiendo que $C_P = 4500\, m/s$, $C_w = 1475\, m/s$ y que el ángulo de propagación de la onda hidrodinámica es despreciable $\varphi = 90^o$. Estimase que

$$\tau = 285\left(\frac{1}{1475} - \frac{1}{4500}\right) = 130\, ms \tag{6.26}$$

Luego, la frecuencia asociada al retraso temporal es rápidamente obtenida a través

$$f = \frac{1}{0.130} = 7.7\, Hz \tag{6.27}$$

que viene a ser, considerando la imprecisión de los parámetros elásticos de los materiales utilizados, inelasticidad y anisotropías presentes en los medios de propagación y otros errores, una buena aproximación.

De forma general, en sistemas estructurales con frecuencias naturales muy altas, las pseudo-aceleraciones observadas en el sistema – en todos los casos de amortiguamiento crítico – se acercan a los valores observados de la aceleración de partícula del terreno y desplazamientos relativos muy bajos. Este comportamiento se debe a que estructuras con frecuencias naturales muy bajas – o periodos muy altos – son extremamente rígidos. Lo que implica observar que dichas estructuras no permiten grandes desplazamientos relativos, moviéndose rígidamente con el terreno.

Por otro lado, estructuras con frecuencias naturales muy bajas – en todos los casos de amortiguamiento crítico –, los desplazamientos relativos observados en el sistema se acercan al desplazamiento de partícula del terreno, conllevando en consecuencia a unas pseudo-aceleraciones muy bajas. Esto es el resultado de una estructura que, debido a su baja frecuencia natural, es extremamente flexible. Esto implica que dicha estructura permanezca esencialmente estacionaria mientras el terreno se mueve (Newmark & Hall, 1982; Chopra; 1995).

6.2.5 Predicción de las frecuencias principales

Al simplificar el fenómeno vibratorio al comportamiento sinusoidal, podemos relacionar de forma alígera los picos de desplazamiento, velocidad y aceleración de partículas a través de la frecuencia de la vibración.

Aplicando la aproximación sinusoidal a los valores picos calculados del desplazamiento, velocidad y aceleración, se puede estimar el rango de frecuencias principales esperados para una voladura. Por lo tanto, las frecuencias dominantes serian dadas por

$$\omega_1 = \frac{\dot{u}_{max}}{u_{max}} \qquad \omega_2 = \frac{\ddot{u}_{max}}{\dot{u}_{max}} \tag{6.28}$$

donde ω_1, ω_2 es la menor y mayor frecuencia que delimitan el rango de frecuencias principales esperados; u_{max} es el desplazamiento máximo de partícula; $\dot{u}_{max}$ es la velocidad máxima de partícula; $\ddot{u}_{max}$ es la aceleración máxima de partícula.

En consecuencia, los espectros de respuestas construidos por aproximaciones sinusoidales presentan unas velocidades espectrales llamadas de pseudo-velocidad y, las aceleraciones, de pseudo-aceleraciones. Veletsos & Newmark (1964) han demostrado que, para sistemas dotados de pequeños valores de amortiguamiento crítico, estas simplificaciones son muy aproximadas a las aceleraciones absolutas de la masa y velocidades relativas espectrales del sistema (Dowding, 1985).

Por lo tanto, se define como frecuencia dominante principal aquella que se obtiene por el promedio de los extremos del rango de frecuencias principales. Luego

$$\omega_o = \frac{\omega_1 + \omega_2}{2} \tag{6.29}$$

que combinando con las ecuaciones (6.28), se puede escribir fácilmente que

$$f_o = \frac{1}{4\pi}\left(\frac{\dot{u}_{max}}{u_{max}} + \frac{\ddot{u}_{max}}{\dot{u}_{max}}\right) \tag{6.30}$$

donde f_o es la frecuencia principal dominante esperada en la voladura.

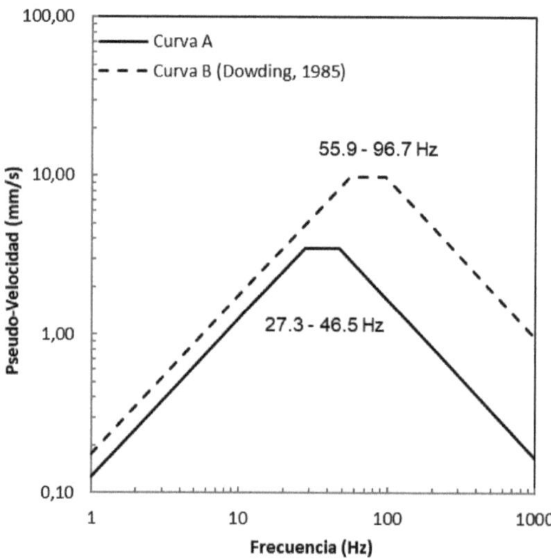

Figura 6.24. Comparación entre los movimientos pico obtenidos con las leyes de atenuación de Teffé y las propuestas por Dowding (1985).

Es una práctica habitual representar el espectro de respuesta de pseudo-velocidad en una gráfica conocida por tripartita. Esta gráfica especial, que tomando las ventajas que proporciona la aproximación sinusoidal, permite relacionar en cuatro ejes los parámetros que componen el movimiento del terreno: desplazamiento, velocidad y aceleración. Los cuatro ejes son compuestos por dos parejas de ejes que están desfasadas 45° una en relación a la otra; el eje vertical, la ordenada, representa las pseudo-velocidades PV y las abscisas, horizontal, las frecuencias; el eje de los desplazamientos relativos δ esta movida hacia la izquierda, haciendo 135° con el eje horizontal, que significa decir que es la PV partida por $2\pi f$; el eje de pseudo-aceleraciones PA esta movida hacia la derecha, haciendo 45° con el eje de las abscisas, que es la PV multiplicada por $2\pi f$.

Por lo tanto, a partir de las leyes de atenuación calculadas para los desplazamientos, velocidad y aceleraciones de partícula generadas por voladuras submarinas, es posible estimar el rango de frecuencias dominantes y, en consecuencia, la frecuencia principal dominante.

Las frecuencias dominantes son aquellas que están asociadas a los contornos de las velocidades espectrales, delimitadas entre las intersecciones con los desplazamientos relativos y pseudo-aceleraciones máximos (Dowding, 1985). Comparando las ecuaciones propuestas por Dowding – para voladuras en superficie y túneles –, y las obtenidas tras analizar los datos de las voladuras subacuáticas en la piedra de Teffé, en Santos, se percibe que para unas mismas condiciones de carga, distancia, medios de propagación (excepto por el medio acuático), sistema de iniciación, etc., las aceleraciones obtenidas para las voladuras subacuáticas son inferiores, lo que implica que el rango de frecuencias dominantes – con componentes de baja frecuencia – es más evidente que las esperadas en voladuras en superficie (figura 6.24).

De acuerdo con los cálculos, las frecuencias esperadas para las voladuras en superficie estarían entre 55.9 Hz y 96.7 Hz, mientras que las subacuáticas estarían entre 27.3Hz y 46.5Hz. Esto significa que, para esta voladura subacuática en concreto, la frecuencia predominante principal es del orden de 2.1 veces menor que la frecuencia dominante principal de una voladura en superficie.

6.2.6 Predicción del Espectro de Respuesta

La predicción del espectro de respuesta es una manera relativamente simple de predecir la frecuencia principal de la historia temporal generada por una voladura. Sin embargo, es necesario haber obtenido previamente las leyes de atenuación de los desplazamientos, velocidades y aceleraciones de partícula (Dowding, 1985) y relacionarlas a través de los criterios de construcción del espectro de respuesta de la pseudo-velocidad.

De forma similar a las estimaciones realizadas por Newmark & Hall (1969) para determinar los contornos de las amplificaciones de las velocidades, desplazamientos y aceleraciones experimentadas por las estructuras debido a los terremotos y Dowding (1985) para voladuras en superficie y túneles, que se basa en la comparación de los picos del movimiento del terreno frente a las magnitudes amplificadas por la estructura, se realizan la estimación de los factores de amplificación esperados para una estructura elástica con un grado de libertad sobre las historias temporales observadas durante los proyectos de voladuras subacuáticas de Santos y Panamá.

El proceso de cálculo de los coeficientes de amplificación para el desplazamiento, velocidad y aceleración se basa en obtener sistemáticamente los espectros de respuestas para un sistema de un grado de libertad en todas las historias temporales, para cada dirección – vertical, longitudinal y transversal – de cada voladura y proyecto y luego compararlo con los picos del desplazamiento, velocidad y aceleración del terreno. Esto significa que se calcularon, entre las 161 historias temporales obtenidas en el proyecto de Santos, 483 espectros de respuesta, que, sumados a otros 234 espectros obtenidos de los 78 registros analizados del proyecto de las voladuras submarinas del Canal de Panamá, un total de 717 espectros de respuesta. Todos los espectros de respuesta fueron calculados con un amortiguamiento crítico de 3%, entre otros motivos, para comparar con los datos publicados por Dowding (1985) para voladuras en superficie y túneles.

6.2.6.1 Amplificación de las velocidades de partícula

Se define el factor de amplificación de la velocidad como la relación entre el mayor pico de la pseudo-velocidad y la velocidad pico de partícula

$$A_V = \frac{\max[PV(\omega)]}{\max[\dot{u}(t)]} \tag{6.31}$$

donde A_V es el factor de amplificación de las velocidades de partícula; PV es la pseudo-velocidad espectral; y $\dot{u}$ es la velocidad de partícula en el terreno.

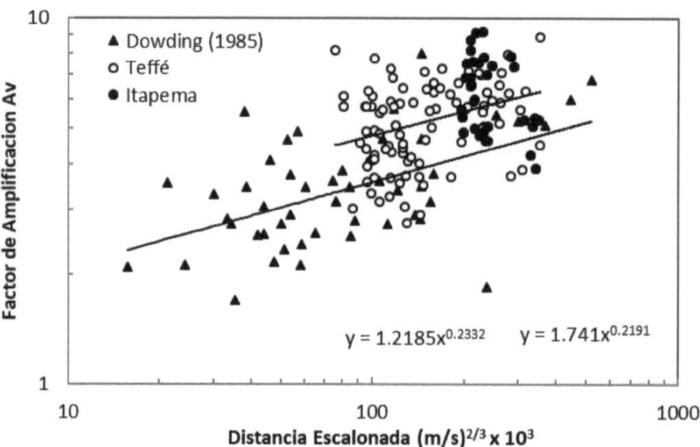

Figura 6.25. Comportamiento de los factores de amplificación de las velocidades de partícula con relación a las distancias escalonadas.

Del análisis de regresión lineal aplicado sobre la correlación entre los factores de amplificación de velocidades y distancias escalonadas, obtenemos que

$$A_v = 1.741(\rho C^2)^{\frac{0.2191}{3}} \left(\frac{R}{W^{1/3}}\right)^{0.2191} \quad (6.32)$$

donde A_v es el factor de amplificación de las velocidades de partícula; R es la distancia de la voladura hasta el punto de observación (m); W es la carga máxima instantánea (kg); y ρ, C son las densidades (kg/m^3) y la velocidad de las ondas P (m/s) del medio, respectivamente.

Los factores de amplificación de las velocidades obtenidos del análisis de las historias temporales y espectros de respuesta de las voladuras subacuáticas de Teffé e Itapema, presentados en la figura 6.25, son superiores a los publicados por Dowding (1985) para voladuras en superficie y túneles. En otras palabras, para una misma velocidad pico de partícula que experimenta una estructura en su base, los datos sugieren que ésta podrá responder más violentamente a un sismo generado por una voladura subacuática que de una voladura en superficie. Una posible explicación para dicho fenómeno seria la concentración de energía en bajas frecuencias – debido a las ondas hidrodinámicas – y al uso de micro-retardo constante en barrenos colineales, es decir, perteneciente a una misma línea o fila.

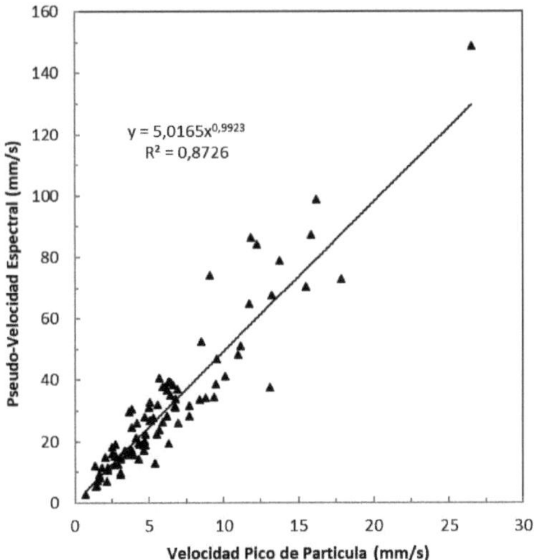

Figura 6.26. Relación entre la velocidad pico de partícula de la componente vertical en el suelo y la correspondiente pseudo-velocidad espectral de la estructura.

6.2.6.2 Amplificación de los desplazamientos de partícula

El factor de amplificación de los desplazamientos es definido como la relación entre el promedio de los desplazamientos relativos en frecuencias menores que un cuarto de la frecuencia predominante asociada al pico de la pseudo-velocidad espectral por el máximo pico observado en la historia temporal de desplazamientos.

Luego, tenemos que

$$A_u = \frac{\text{promedio}[\delta_{max}(\omega < 1/4\omega_o)]}{\max[u(t)]} \tag{6.33}$$

donde A_u es el factor de amplificación de los desplazamientos; δ_{max} es el desplazamiento relativo espectral; u es el desplazamiento de partícula; y ω_o es la frecuencia predominante asociada al pico máximo de la pseudo-velocidad espectral.

Del análisis de regresión lineal aplicado sobre la correlación entre los factores de amplificación de los desplazamiento y distancia escalonada, obtenemos que

$$A_u = 1.0399(\rho C^2)^{\frac{0.0412}{3}}\left(\frac{R}{W^{1/3}}\right)^{0.0412} \tag{6.34}$$

donde A_u es el factor de amplificación de los desplazamientos de partícula; R es la distancia de la voladura hasta el punto de observación (m); W es la carga máxima instantánea (kg); y ρ, C son las densidades (kg/m^3) y la velocidad de las ondas P (m/s) del medio, respectivamente.

El contorno dominante de los desplazamientos puede sufrir los efectos de amplificación cuando picos energéticos en bajas frecuencias surgen en la composición de los espectros de frecuencias. En el caso de las voladuras subacuáticas, este fenómeno se ha manifestado de forma recurrente en aquellas voladuras donde los efectos de las ondas hidrodinámicas se han acentuado. Además, la composición de los tiempos de retardos aplicados a la voladura y la presencia de estratos de suelo puede generar unas frecuencias que condicionen los desplazamientos resultantes (figura 6.27).

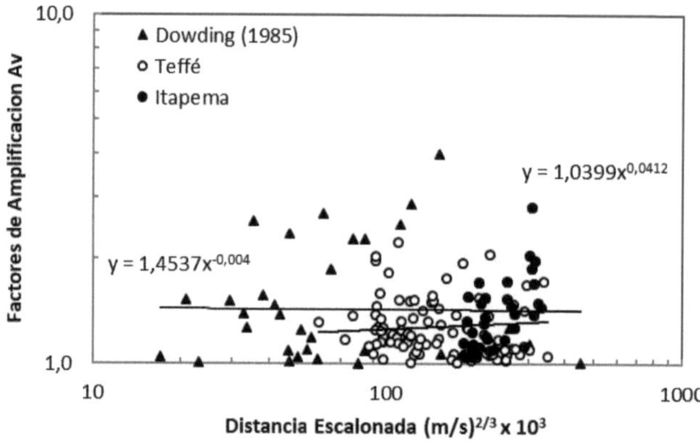

Figura 6.27. Comportamiento de los factores de amplificación de los desplazamientos de partícula con relación a las distancias escalonadas.

Además, los datos sugieren que no existe una gran dependencia entre los factores de amplificaciones de los desplazamientos al variar las distancias escalonadas. Esto significa que las amplificaciones de los desplazamientos son casi que constantes para una gran diversidad de combinaciones entre cargas y distancias.

Al comparar los datos obtenidos de las voladuras de las piedras de Teffé e Itapema con los publicados por Dowding (1985), se observa que las amplificaciones sufridas por las estructuras sujetas a fenómenos sísmicos generados por voladuras subacuáticas son superiores a de las voladuras en superficie, pero son inferiores a de las observadas en voladuras de túneles.

6.2.6.3 Amplificación de la aceleración de partícula

El factor de amplificación de la aceleración es definido como la relación entre el promedio de las pseudo-aceleraciones espectrales, para frecuencias superiores a dos veces la frecuencia predominante del pico de la pseudo-velocidad espectral, por la aceleración pico de partícula. Por lo tanto, podemos escribir que

$$A_a = \frac{\text{promedio}[PA(\omega > 2\omega_o)]}{\max[\ddot{u}(t)]} \tag{6.35}$$

donde A_a es el factor de amplificación de las aceleraciones; PA es la pseudo-aceleración espectral; $\ddot{u}$ es la aceleración de partícula; y ω_o es la frecuencia predominante asociada al pico máximo de la pseudo-velocidad espectral.

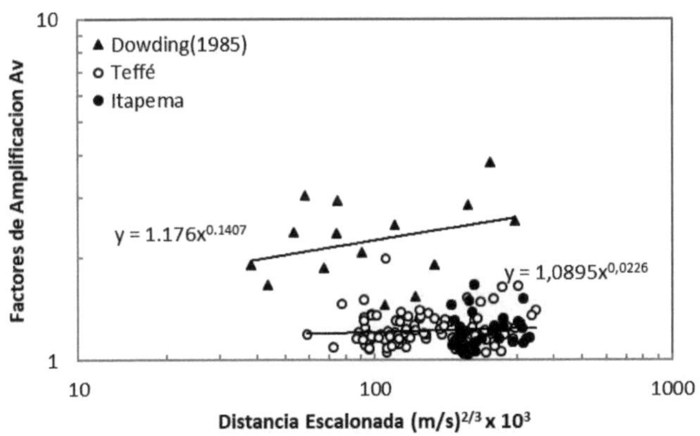

Figura 6.28. Comportamiento de los factores de amplificación de las aceleraciones de partícula con relación a las distancias escalonadas.

Una vez obtenidos los factores de amplificación para cada distancia escalonada, se procede con el análisis de regresión lineal. Luego, obtenemos que los factores de amplificación en función de la distancia escalonada para las voladuras de Teffé vienen dada por

$$A_a = 1.0895(\rho C^2)^{\frac{0.0226}{3}} \left(\frac{R}{W^{1/3}}\right)^{0.0226} \tag{6.36}$$

donde A_a es el factor de amplificación de las aceleraciones de partícula; R es la distancia de la voladura hasta el punto de observación (m); W es la carga máxima instantánea (kg); y ρ, C son las densidades (kg/m^3) y la velocidad de las ondas P (m/s) del medio, respectivamente.

Las amplificaciones observadas para las aceleraciones de partículas generadas por las detonaciones subacuáticas son inferiores que en las voladuras en superficie (figura 6.28). Este fenómeno se debe a presencia de las energías en bandas de bajas frecuencias. Al contrario con lo que pasa con los desplazamientos – que tienden a incrementar sus amplitudes con la disminución de las frecuencias de vibraciones –, las aceleraciones disminuyen su amplitud cuando se disminuyen las frecuencias de vibración, comparándolas a una misma velocidad de partícula.

La observación de los datos sugiere una leve tendencia, casi insignificante, a incrementar los factores de amplificación de las estructuras cuando sometidas a fenómenos sísmicos en grandes distancias escalonadas.

6.2.7 Comprobación de la predicción del espectro de respuesta

La predicción de los espectros de respuesta se basa en la aplicación de los factores de amplificación en determinados rangos de frecuencias sobre los niveles estimados del movimiento del terreno – desplazamiento, velocidad y aceleración de pico de partícula (Dowding, 1985). Así, pues, la predicción del espectro de respuesta sigue la línea propuesta por Dowding (1985), y está fundamentada básicamente en las siguientes etapas:

(i) La caracterización del medio de propagación, con la estimación de sus propiedades elásticas – densidad y velocidad de las ondas sísmicas;

(ii) Caracterización de la voladura: definición de las cargas máximas instantáneas y distancia hasta el punto de estudio. Cálculo de la distancia escalonada;

(iii) Predicción del desplazamiento, velocidad y aceleración pico de partícula asociadas a la distancia escalonada;

(iv) Estimación del rango de frecuencias predominantes y la consecuente frecuencia dominante espectral f_o. Asociación de estas tres magnitudes a través de una aproximación sinusoidal, graficando los niveles máximos del movimiento en la gráfica tripartita;

(v) Estimación de los contornos del espectro de respuesta basado en los factores de amplificación asociados a las distancias escalonadas para los contornos de los desplazamientos, velocidad y aceleración.

   a. Los contornos asociados a los desplazamientos del terreno deben ser multiplicados por los factores de amplificación calculados a partir de las distancias escalonadas, para frecuencias menores que $1/4\ f_o$.

   b. Para la región que predominan las velocidades pico de partícula del terreno, hay que multiplicar sus contornos entre las frecuencias $1/2\ f_o$ y

$2\,f_o$. Verificar si el rango de frecuencias calculadas incluye las frecuencias asociadas a los retardos aplicados entre barrenos, cuando las distancias no son largas.

c. Multiplicar los contornos asociados a la aceleración del terreno por los factores de amplificación apropiados, para frecuencias mayores que $3\,f_o$. Para Dowding (1985), estas frecuencias deberían ser mayores que $2\,f_o$.

d. Conexión de los contornos calculados para el desplazamiento, velocidad y aceleración.

(vi)El espectro de respuesta estimado es asociado a un amortiguamiento crítico de 3%.

De acuerdo con los factores de amplificación calculados para terremotos, Newmark & Hall (1969) propusieran unos coeficientes de ajuste o corrección para otros amortiguamientos críticos. Dowding (1985), basado en estos datos, propone los siguientes factores

β	Au	Av	Aa
0.02	1.05	1.10	1.20
0.03	1.00	1.00	1.00
0.05	0.83	0.76	0.72
0.10	0.65	0.52	0.42

6.3 Aplicación del Método de Predicción del Espectro de Respuesta

Se ha tomado algunas voladuras subacuáticas realizadas en el proyecto de Santos – en la piedra de Teffé – y en el proyecto del Canal de Panamá para aplicar el método de predicción de los contornos espectrales de respuesta. El espectro de respuesta estimado está basado en un amortiguamiento crítico de 3%.

6.3.1 Voladura ST-PB-007

Voladura de producción con 48 barrenos micro-secuenciados con retardos de 42ms entre barrenos de la misma fila y una carga máxima instantánea de 28.57kg de explosivo encartuchado tipo emulsión. Las propiedades del terreno son tomadas aproximadamente por $C_P = 4500\,m/s$ y $\rho_r = 2600\,kg/m^3$. La distancia desde la detonación hasta el punto de observación es de aproximadamente 79.22 m, lo que implica que el movimiento estimado del terreno sea

$$u = 3325.7\,R(\rho C^2)^{\frac{-1.948}{3}}\left(\frac{R}{W^{1/3}}\right)^{-1.948} = 0.035\,mm$$

$$\dot{u} = 26159\frac{R}{t_r}(\rho C^2)^{\frac{-1.963}{3}}\left(\frac{R}{W^{1/3}}\right)^{-1.963} = 6.20\,mm/s$$

$$\ddot{u} = \frac{669533}{9107}\frac{R}{t_r^2}(\rho C^2)^{\frac{-2.117}{3}}\left(\frac{R}{W^{1/3}}\right)^{-2.117} = 0.190g$$

Luego, una vez que se estima los valores pico del terreno, se puede apreciar que el rango de frecuencias dominantes del espectro varía entre 27.83 Hz y 47.94 Hz, presentando, pues, de acuerdo con la definición, una frecuencia espectral dominante de 37.88 Hz. Una vez estimado los picos del movimiento del suelo, se aplica las ecuaciones de la amplificación del movimiento

$$A_u = 1.0399(2600 \times 4500^2)^{\frac{0.0412}{3}}\left(\frac{79.2}{28.57^{1/3}}\right)^{0.0412} = 1.3$$

$$A_v = 1.741(2600 \times 4500^2)^{\frac{0.2191}{3}}\left(\frac{79.22}{28.57^{1/3}}\right)^{0.2191} = 4.7$$

$$A_a = 1.0895(2600 \times 4500^2)^{\frac{0.0226}{3}}\left(\frac{79.2}{28.57^{1/3}}\right)^{0.0226} = 1.2$$

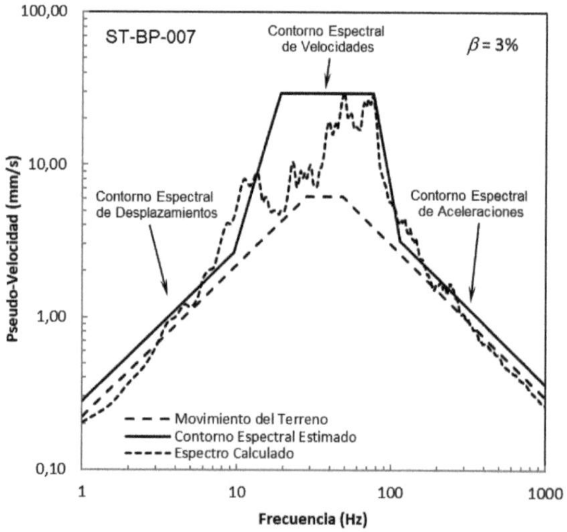

Figura 6.29. Comparación entre la predicción de los contornos espectrales de respuesta con el espectro de respuesta calculado de la voladura ST-BP-007, Santos.

Obtenidos los factores de amplificación, podemos predecir los contornos espectrales de respuesta, teniendo en cuenta los rangos de frecuencias asociados a cada contorno predominante – desplazamiento, velocidad y aceleración. Luego, llegamos que

$$\delta_{max} = A_u u = 0.044\, mm$$

$$PV = A_v \dot{u} = 29.40\, mm/s$$

$$PA = A_a \ddot{u} = 0.230g$$

Representando los resultados gráficamente, se puede comparar el espectro de respuesta – calculado de la historia temporal de la voladura en análisis – con los contornos espectrales obtenidos con el método de predicción aplicado (figura 6.29). La frecuencia asociada a los intervalos de micro-retardos aplicados a la voladura está dentro del rango de frecuencias dominantes, lo que era de esperarse.

6.3.2 Voladura ST-PB-011

La voladura ST-PB-011 fue la primera voladura a utilizar explosivo a granel en el proyecto de Santos. Se trata de una voladura de producción con 29 barrenos micro-secuenciados con retardos de 42ms entre barrenos de la misma fila y con carga máxima instantánea de 68.90kg de un hidrogel a granel de alta energía. Las propiedades del terreno son tomadas aproximadamente por $C_P = 4500\, m/s$ y $\rho_r = 2600\, kg/m^3$. La distancia desde la detonación hasta el punto de observación es de aproximadamente 200.15 m. Luego, el movimiento pico del terreno seria

$$u = 0.026\, mm \qquad \dot{u} = 4.51\, mm/s \qquad \ddot{u} = 0.126g$$

Con los valores picos del movimiento del terreno, se puede estimar el tango de frecuencias espectrales dominantes, que para esta voladura varían entre 27.57 Hz y 43.8 Hz, presentando, pues, una frecuencia espectral dominante de 35.52 Hz.

Los factores de amplificación observados para esta combinación de carga y distancia pueden ser estimados aplicando las fórmulas de amplificación del movimiento

$$A_u = 1.3 \qquad A_v = 5.5 \qquad A_a = 1.2$$

Una vez estimado los factores de amplificación, podemos predecir los contornos espectrales de respuesta, aplicando los rangos de frecuencias asociadas a cada uno de los contornos predominantes: desplazamiento, velocidad y aceleración

$$\delta_{max} = A_u u = 0.034\, mm \qquad PV = A_v \dot{u} = 24.61\, mm/s \qquad PA = A_a \ddot{u} = 0.154g$$

Representando los resultados gráficamente, se puede comparar el espectro de respuesta – calculado de la historia temporal de la voladura en análisis – con los contornos espectrales obtenidos con el método de predicción aplicado (figura 6.30).

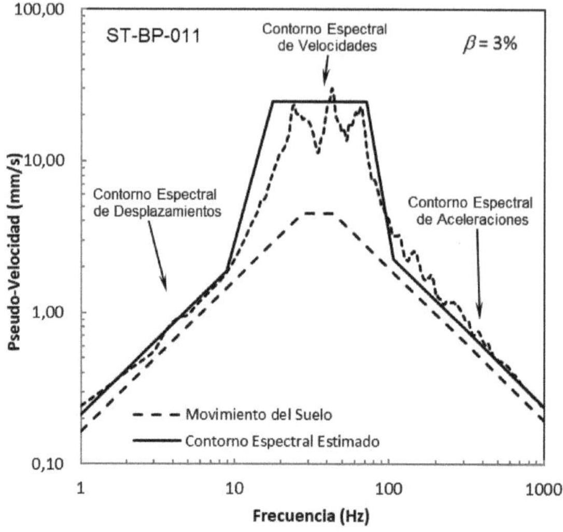

Figura 6.30. Comparación entre la predicción de los contornos espectrales de respuesta con el espectro de respuesta calculado de la voladura ST-BP-011, Santos.

6.3.3 Voladura ST-PB-017

En la voladura ST-PB-017 fueron detonados 48 barrenos de forma micro-secuenciada, con retardos de 42ms entre barrenos de la misma fila. La carga máxima instantánea observada fue de 100.9kg de hidrogel a granel. La distancia desde la voladura hasta el punto de observación fue de aproximadamente 113.56m. Las propiedades del terreno son las mismas de los anteriores ejemplos. Luego, obtendríamos por la misma metodología, los valores pico del movimiento, fatores de amplificación y respuesta espectral. Luego

Movimiento pico del terreno

$$u = 0.057\,mm \qquad \dot{u} = 10.00\,mm/s \qquad \ddot{u} = 0.310g$$

del cual se obtiene que el rango de frecuencias dominantes espectrales varía desde 27.85 Hz hasta 48.39 Hz, con la frecuencia dominante principal de 38.12 Hz.

Factores de amplificación

$$A_u = 1.3 \qquad A_v = 4.7 \qquad A_a = 1.2$$

que, como consecuencia, permite obtener los picos de respuesta espectral

$$\delta_{max} = 0.072\,mm \qquad PV = 46.83\,mm/s \qquad PA = 0.374g$$

donde la representación grafico viene dada en la figura 6.31.

No obstante, se puede apreciar como el pico que surge alrededor de los 10Hz no es bien capturado por el método de predicción. En voladuras subacuáticas donde las frecuencias espectrales dominantes secundarias son expresivas – como en puntos de monitoreo cercanos a las orillas del medio acuático, por ejemplo – una alternativa seria realizar una corrección sobre los rangos de frecuencias asociadas a los contornos espectrales.

En el ejemplo estudiado, el punto de observación está ubicado a unos 8.10m de la orilla del canal del puerto, lo que le expone a la posibilidad de que experimente los efectos de las ondas hidrodinámicas. Una solución sería ajustar la frecuencia que define el rango de actuación de los desplazamientos para ampliar el campo de dominio del contorno de las velocidades. Originalmente, se ha tomado frecuencias menores que $1/4\ f_o$ (Dowding, 1985). Sin embargo, cuando la probabilidad de que ocurra una fuerte presencia de ondas hidrodinámicas en la composición del fenómeno sísmico registrado en tierra es observada, frecuencias más bajas suelen florecer el espectro con picos relativamente más energéticos. Con el fin de incorpóralos, se sugiere tomar frecuencias menores que $1/10\ f_o$ durante la determinación de los contornos espectrales de desplazamientos.

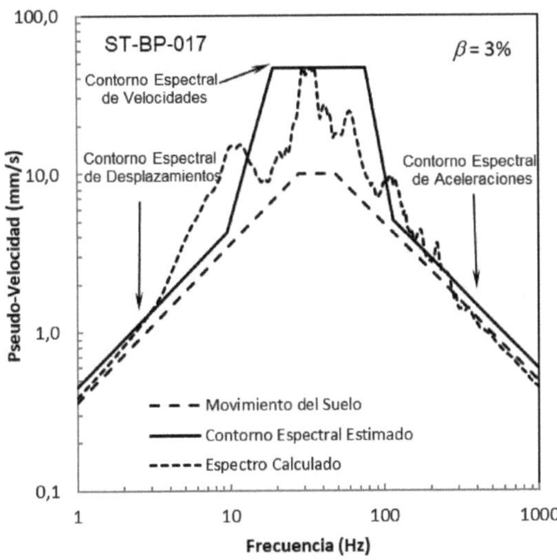

Figura 6.31. Comparación entre la predicción de los contornos espectrales de respuesta con el espectro de respuesta calculado de la voladura ST-BP-017, Santos.

Por otro lado, una segunda alternativa seria estimar la frecuencia dominante asociada, predominantemente, al fenómeno hidrodinámico. El principio del método seria considerar que la parcela sísmica asociada a la onda hidrodinámica está convolucionada a la otra parcela asociada a las ondas que se propagan por el medio sólido. Con esta estrategia en mente, se analizará un evento observado en la voladura P-TB-002, del proyecto del Canal de Panamá.

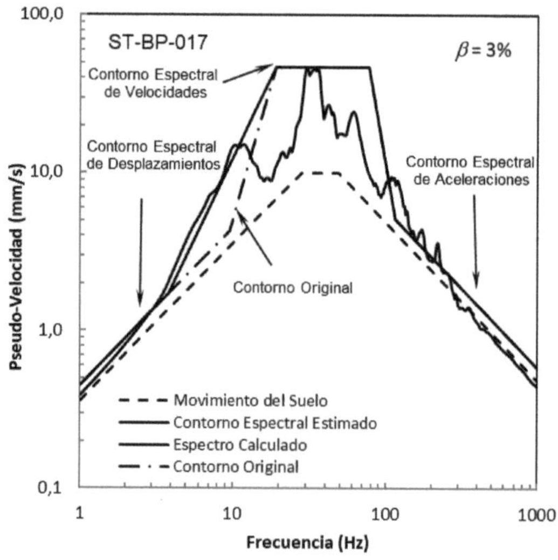

Figura 6.32. Corrección de los contornos espectrales de la voladura ST-BP-017, Santos.

6.3.4 Voladura P-TB-002

La voladura P-TB-002 es parte de la campaña de pruebas de vibraciones realizadas antes de las voladuras de producción en el Canal de Panamá. En esta prueba, se han detonado 7 barrenos secuenciados con micro-retardos de 25ms (figura 6.33). Cada barreno estaba cargado con 50kg de hidrogel a granel. La roca es un basalto columnar de gran dureza, en el cual se asume los siguientes parámetros $C_P = 5500\, m/s$ y $\rho_r = 2900\, kg/m^3$. La distancia desde las detonaciones hasta el punto de observación es de aproximadamente 437m. El sismógrafo estaba instalado aproximadamente a 10m de la orilla del Canal de Panamá, lo que implica a la presencia de un alto nivel freático.

Se observan la presencia de características muy particulares en esta historia temporal. Los primeros 500 ms está dominado por las ondas que se propagan por el medio rocoso; luego, tras un desfase temporal, llegan las ondas hidrodinámicas, que empiezan a predominarse la historia temporal poco después de los 250ms. Las ondas superficiales – como las ondas de Rayleigh – se presentan fuertemente en los sismogramas además de los efectos de las ondas hidrodinámicas (figura 6.34).

El espectro de respuesta calculado para la dirección longitudinal es representado gráficamente en la figura 6.35. Se observa claramente la presencia de picos energéticos en los rangos de bajas frecuencias, menores que 10Hz. Esta segunda región, en bajas frecuencias, no es incorporada de forma significativa en el método tradicional de predicción de los contornos espectrales de respuesta propuesto por Dowding (1985).

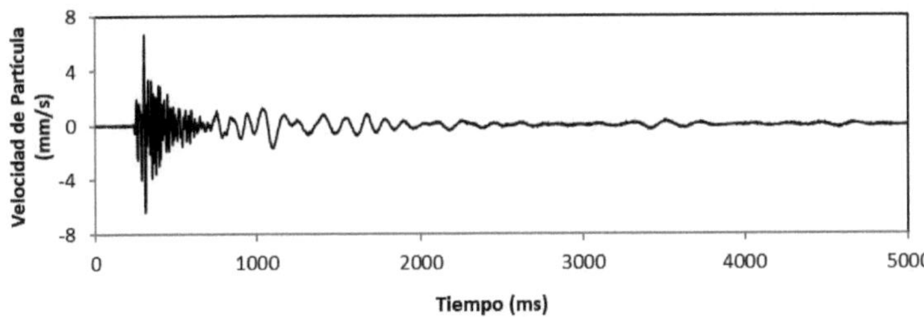

Figura 6.33. Historia temporal de velocidad de partículas de la dirección longitudinal. Voladura P-TP-002, Canal de Panamá (2009).

Es de interés estimar el retraso temporal de las ondas hidrodinámicas actuantes en el evento. Así, pues, el desfase temporal asociada a estas ondas puede ser estimada por

$$\tau = 427\left(\frac{1}{1475} - \frac{1}{5500}\right) = 207\ ms \tag{6.37}$$

Como los 7 barrenos están secuenciados con micro-retardos de 25ms, el tiempo acumulado al final del ultimo barreno detonado es 150ms. Inmediatamente, tenemos que el tiempo de llegada de la última onda hidrodinámica es aproximadamente 357ms, que luego de su llegada, se amortigua de forma casi armónica, sobreponiéndola, además, otras complejas reverberaciones y ondas superficiales.

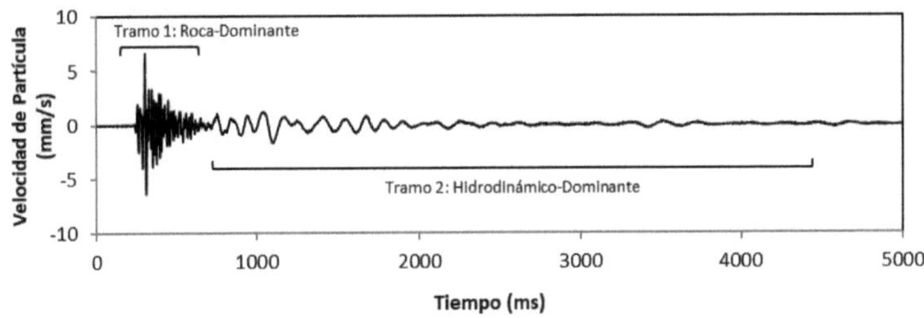

Figura 6.34. Definición de los dominios rocoso e hidrodinámico en la historia temporal de velocidad de partículas de la dirección longitudinal. Voladura P-TP-002, Canal de Panamá (2009).

El tiempo estimado de llegada de las ultimas ondas hidrodinámicas será utilizado para estudiar la historia temporal de velocidades de partícula en dos tramos, como se fueran dos historias temporales distintas; la primera, dominada por las ondas que se propagan por el medio sólido y la segunda, que se propagan predominantemente por el medio acuático.

Al analizar el tramo de la señal analizada en el cual se predominan las ondas que se propagan por el medio sólido, se obtiene un espectro de respuesta típico de voladuras realizadas en superficie. Presenta, además, un pico muy característico asociado a los tiempos de retados aplicados a la voladura. Como se ha utilizado retardos de 25ms, la frecuencia asociada a estos tiempos es $f = 1/0.025 = 40\,Hz$. Los demás picos, pueden ser frecuencias características del medio de propagación.

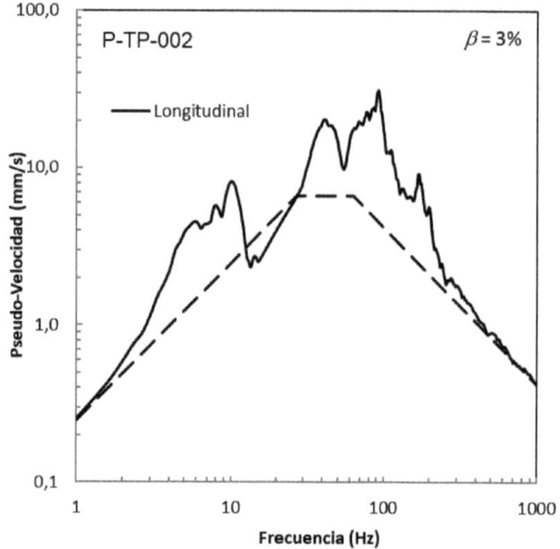

Figura 6.35. Espectro de Respuesta y movimiento del suelo calculado de la voladura P-TP-002, en el Canal de Panamá (2009).

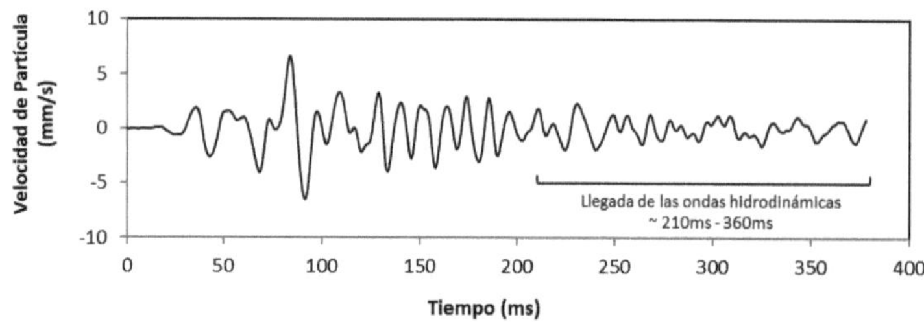

Figura 6.36. Historia temporal del primero tramo de la voladura P-TP-002, en el Canal de Panamá (2009).

Directamente de la historia temporal presentado en la figura 6.36, se obtiene los siguientes valores pico del movimiento del terreno

$u = 0.022\,mm$ $\qquad$ $\dot{u} = 6.65\,mm/s$ $\qquad$ $\ddot{u} = 0.268g$

luego, la frecuencia dominante principal es 55.29 Hz.

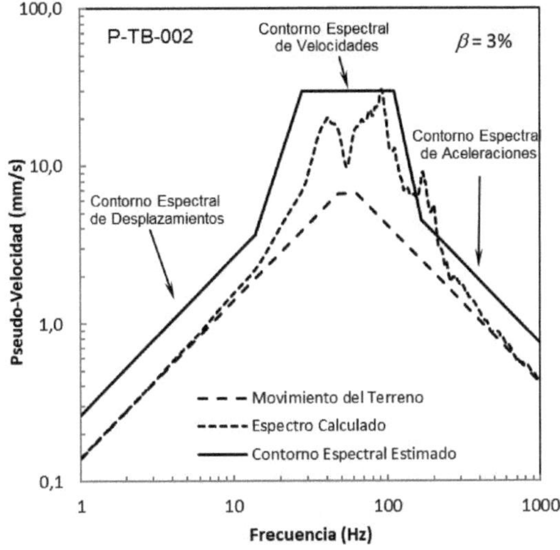

Figura 6.37. Espectro de Respuesta y movimiento del suelo del primero tramo de la historia temporal longitudinal. Voladura P-TP-002, en el Canal de Panamá (2009).

Aplicando las ecuaciones que estiman las amplificaciones obtenidas en el proyecto del Canal de Panamá, considerando los rangos de frecuencias asociados a los contornos dominantes de los desplazamientos, velocidad y aceleración, se puede estimar los contornos espectrales de respuesta como

$$A_u = 1.9 \qquad A_v = 4.4 \qquad A_a = 1.8$$

luego, los picos de los contornos espectrales de respuesta serian

$$\delta_{max} = 0.042\, mm \qquad PV = 29.57\, mm/s \qquad PA = 0.477g$$

donde se presenta graficado en la figura 6.37.

Por otro lado, el segundo tramo (figura 6.38) – que presenta una predominancia de los efectos de las ondas hidrodinámicas – incorporará energías en las bandas de bajas frecuencias debido la combinación de las ondas superficiales e hidráulicas. Al calcular el espectro de respuesta, se observan picos en distintas frecuencias; dominantemente en 10Hz – que es muy frecuente – y otros como 7.88, 5.95 y 4.87Hz.

En el caso de la historia temporal con predominancia de los fenómenos derivados de las ondas hidrodinámicas, se puede obtener los valores pico del movimiento del terreno para los desplazamientos y velocidades de partícula

$$u = 0.039\, mm \qquad \dot{u} = 1.72\, mm/s$$

Sin embargo, una lectura de las aceleraciones directamente de la historia temporal implicaría incorporar los efectos de las ondas sísmicas que se propagan por el medio sólido. Con esta idea, se estima las aceleraciones pico de partículas basada en el rango de frecuencias predominantes esperadas en la zona de bajas frecuencias – ondas hidrodinámicas, ondas de superficie.

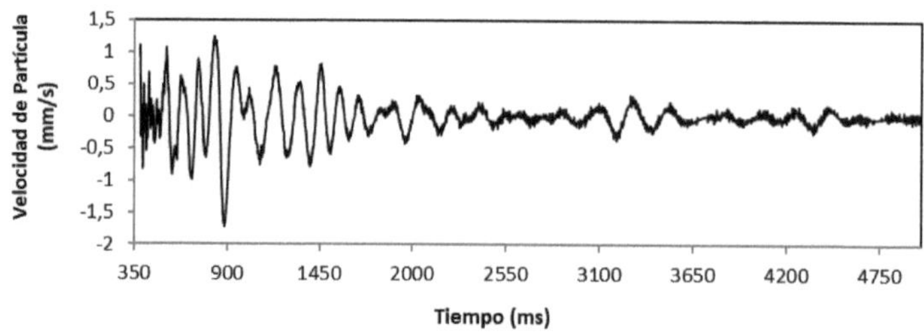

Figura 6.38. Historia temporal del segundo tramo de la voladura P-TP-002, en el Canal de Panamá (2009).

La frecuencia estimada del desfase de las ondas hidrodinámicas es $f = 1/0.207 = 4.83Hz$. Por otro lado, entre la llegada de las ondas P y las ondas Rayleigh, asumiendo que las Rayleigh tienen una velocidad sísmica de 2406.25 m/s en Basalto, se tendría un desfase de aproximadamente de 102ms, que corresponde a una frecuencia de 9.8Hz, que es muy cercana a los 10Hz, comúnmente observados en los espectros estudiados. Considerando que el contorno de las velocidades predomina hasta 1.5 veces la mayor frecuencia estimada, o sea $1.4 \times 9.8 = 14.7$ Hz, por la aproximación sinusoidal aplicada a los espectros de pseudo-velocidad, obtendríamos una aceleración pico de partícula de

$$\ddot{u} = 0.0162g$$

Luego, la frecuencia dominante principal del movimiento es 10.89 Hz.

Los factores de amplificación son obtenidos aplicando las fórmulas de amplificación del movimiento, así que

$$A_u = 1.3 \qquad A_v = 4.9 \qquad A_a = 1.4$$

y los contornos espectrales de respuesta (figura 6.39)

$$\delta_{max} = 0.051\,mm \qquad PV = 8.37\,mm/s \qquad PA = 0.023g$$

Una vez obtenidas las contribuciones de cada uno de los medios predominantes, se realiza la superposición de los espectros de respuestas de ambos tramos estudiados. El contorno global o la envolvente que conforma la combinación de los espectros derivados de la predominancia del medio sólido y medio acuático deberá coincidir – o acercarse – con el espectro de respuesta calculado a partir de toda la historia temporal (figura 6.35). Este comportamiento es representado gráficamente en la figura 6.40. Se observa que los espectros se componen para formar el contorno del espectro de respuesta de toda la historia temporal.

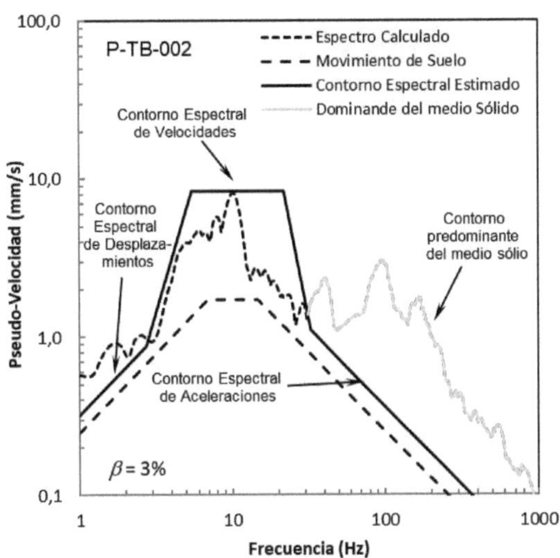

Figura 6.39. Espectro de Respuesta y movimiento del suelo del segundo tramo de la historia temporal longitudinal. Voladura P-TP-002, en el Canal de Panamá (2009).

Se evidencia, por lo tanto, la contribución de las ondas hidrodinámicas – combinadas con las ondas superficiales – en la composición energética en los rangos de bajas frecuencias. Sin embargo, este fenómeno es mejor observado en los análisis de señales generados por la detonación subacuática de barrenos aislados o semilla. En una voladura de producción, la convolución de diversas ondas eleva imperiosamente la complejidad del fenómeno, dificultando su evaluación.

En el ejemplo estudiado, se observa que los picos de la velocidad de partícula obtenidos en el espectro de respuesta en que se predominan los efectos de las ondas hidrodinámicas, es cerca de 3.87 veces menor que lo observado en los espectros donde se predominan las ondas que se propagan por el medio sólido. En otras palabras, la velocidad pico de partícula estimado debido al efecto de la onda hidrodinámica es un 25.8% menor que el pico generado por las ondas que se propagaran por el medio sólido, lo que sugiere que podemos aproximar el valor de la velocidad pico de partícula de la contribución de las ondas hidráulicas por un ¼ del pico máximo estimado en la una dada distancia.

No obstante, los picos de las ondas hidrodinámicas equivalentes en el punto de observación son directamente proporcionales a las velocidades pico de partículas asociados a los fenómenos hidrodinámicos. Así pues, la velocidad pico de partícula del terreno – asociada a la contribución de las ondas hidrodinámicas – puede ser estimadas considerando los picos de las presiones hidrodinámicas equivalentes en el punto de observación y la ley de atenuación de las vibraciones en el terreno.

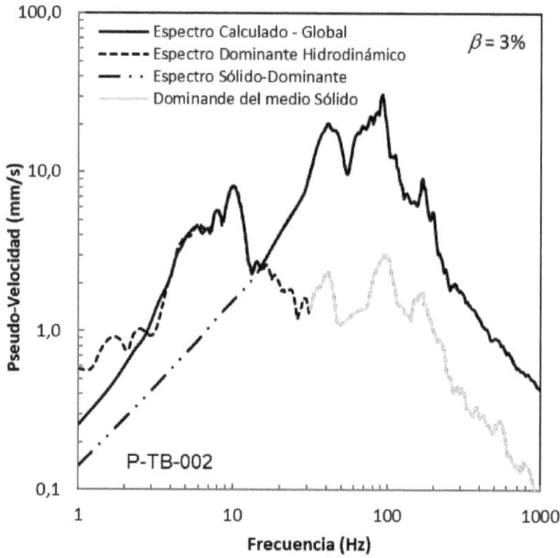

Figura 6.40. Espectro de Respuesta y movimiento del suelo calculado de la voladura P-TP-002, en el Canal de Panamá (2009).

Después de estudiar los datos publicados por Condon et at. (1970), la siguiente expresión fue propuesta

$$\dot{u} = \gamma \frac{k_2}{{k_1}^{\alpha}} (P_{He})^{\alpha} \tag{6.38}$$

donde $\dot{u}$ es la velocidad pico de partícula; P_{He} es presión hidrodinámica equivalente en el punto de observación; γ es un coeficiente de proporcionalidad; k_1, k_2 son las constantes de la ley de atenuación de las presiones hidrodinámicas y de las vibraciones en el terreno, respectivamente; k_1 es la constante dela ley te atenuación de las presiones hidrodinámicas; $\alpha = \alpha_2/\alpha_1$, donde α_1, α_2 son los coeficientes de atenuación del medio acuático y del terreno, respectivamente.

La ecuación (6.38) asume, pues, que el grado de atenuación de las vibraciones en el terreno son las mismas tanto para as ondas que se propagan directamente por el terreno como para aquellas que son transmitidas desde el medio acuático, y que siguen propagándose por el medio sólido. El coeficiente de atenuación α_2 debe ser obtenido a través de un análisis estadístico sobre las distancias escalonadas cúbicas, del mismo tipo aplicada al estudio de las ondas hidrodinámicas.

Por otro lado, el coeficiente de proporcionalidad es aproximado por el grado de transmisión entre los medios, definida como

$$\gamma = \left[\frac{2\cos\theta_i}{\cos\theta_i + n\cos\theta_T}\right] \quad (6.39)$$

que al combinar con la ecuación (6.38), llegamos

$$\dot{u} = \left[\frac{2\cos\theta_i}{\cos\theta_i + n\cos\theta_T}\right]\frac{k_2}{k_1{}^{\alpha}}[P_{He}]^{\alpha} \quad (6.40)$$

Por lo tanto, al combinar la ecuación (6.40) con la propuesta por Gil'manov (1983), llegamos a

$$\dot{u} = \left[\frac{2\cos\theta_i}{\cos\theta_i + n\cos\theta_T}\right]k_2\left[\frac{R}{W_{ef}^{1/3}}\right]^{\alpha_2} \quad (6.41)$$

donde $\dot{u}$ es la velocidad pico de partícula (mm/s); R es la distancia de la voladura hasta el punto de observación (m); n es la relación de impedancias entre el medio acuático-sólido; θ_i, θ_T at son los ángulos de incidencia y transmisión, respectivamente; W_{ef} es la carga efectiva y viene dada por

$$W_{ef} = W\left(\frac{5D_C}{L_C}\right)\left(\frac{RWS}{115}\right) \quad (6.42)$$

donde W es la carga total del barreno; D_C es el diámetro de la carga; L_C es la longitud de carga en el barreno.

En la voladura en estudio, P-TP-002, la atenuación de las velocidades pico de partículas en la dirección longitudinal frente las distancias escalonadas vienen dada por

$$\dot{u} = 447\left(\frac{R}{W^{1/3}}\right)^{-1.189} \quad (6.43)$$

del cual obtenemos los valores de $k_2 = 447$ y $\alpha_2 = -1.189$. Al combinarlos con la ecuación (6.41), llegamos

$$\dot{u} = 447\left[\frac{2\cos\theta_i}{\cos\theta_i + n\cos\theta_T}\right]\left[\frac{R}{W_{ef}^{1/3}}\right]^{-1.189} \quad (6.44)$$

Considerando que la onda incide perpendicularmente a la superficie sólida y que

$$n = \frac{1500 \times 1000}{5500 \times 2900} = 0.0925$$

además

$$W_{ef} = 50\left(\frac{5 \times 0.140}{2.7}\right)\left(\frac{130}{115}\right) = 14.6kg$$

se estima que la velocidad pico de partícula asociada al pico de presión de la onda hidrodinámica sea

$$\dot{u} = 447\left[\frac{2}{1 + 0.0925}\right]\left[\frac{437}{14.6^{1/3}}\right]^{-1.189} = 1.72\,mm/s \quad (6.45)$$

que concuerda muy bien con la velocidad pico de partícula medida directamente en la historia temporal del segundo tramo, donde existe la predominancia de los efectos hidrodinámicos.

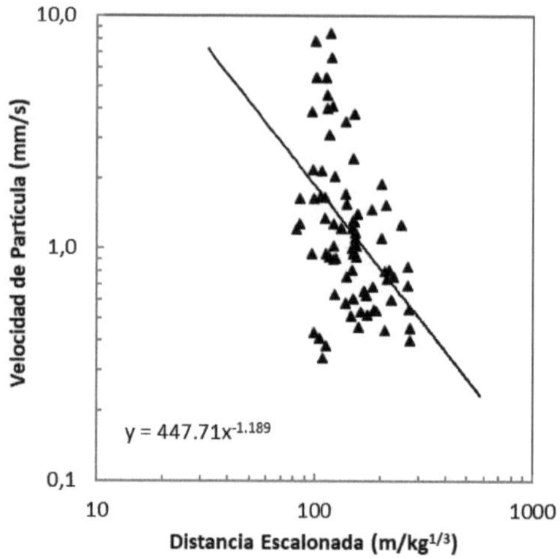

Figura 6.41. Ley de atenuación frente a las distancias escalonadas cúbicas tradicionales de las velocidades pico de partículas en la dirección longitudinal de la voladura P-TP-002, en el Canal de Panamá (2009).

Por lo tanto, si no hay datos disponibles para estudiar directamente los picos de velocidad de partículas secundarios – atribuidos a los fenómenos de bajas frecuencias –, el siguiente procedimiento es propuesto:

(i) Estimar el desplazamiento, velocidad y aceleración pico de partícula en una dada distancia con las leyes de atenuación globales del terreno;

(ii) Con los valores picos del movimiento del terreno, estimar el rango de las frecuencias dominantes y, consecuentemente, la frecuencia dominante principal. Hay que considerar la frecuencia asociada a los retardos en voladuras micro-secuenciada;

(iii) Calcular los factores de amplificación para los tres contornos espectrales de respuesta, como indicado en los apartados anteriores;

(iv) Estimar las frecuencias asociadas al fenómeno de bajas frecuencias: desfases temporales de las ondas hidrodinámicas principales y secundarias, ondas de superficie, frecuencias naturales de la capa acuática. Considerar que los contornos de velocidades de partícula predominan hasta 1.5 de la mayor frecuencia estimada;

(v) Considerar que la frecuencia dominante secundaria es el promedio de las frecuencias estimadas de los fenómenos de bajas frecuencias. Luego, tomar el ¼ de la velocidad pico de partícula calculada en el paso (i) o estimarla con el método de las presiones hidrodinámicas equivalentes. Tomar del rango de frecuencias la frecuencia dominante inferior para estimar el pico de desplazamiento y con la frecuencia dominante superior, pues, las aceleraciones;

(vi) Aplicar los factores de amplificaciones de la misma forma indicada en (iii).

(vii) Superponer los contornos espectrales de respuesta de los dos espectros estimados.

Los criterios generales aplicables al procedimiento estándar también se aplican en esta metodología alternativa. Si se realizan campañas de pruebas de voladuras antes de las voladuras de producción en nuevos proyectos, es recomendable identificar los picos asociados a las ondas hidrodinámicas y superficiales, para ponderar la energía que se incorporarán en el sistema dinámico (figura 6.42).

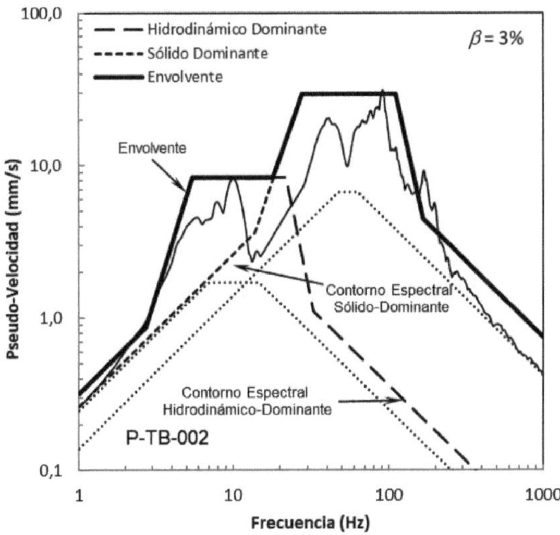

Figura 6.42. Superposición de los contornos espectrales estimados, incorporando los efectos de bajas frecuencias. Canal de Panamá (2009).

6.4 Consideraciones finales

Las ondas hidrodinámicas generadas por la detonación de cargas explosivas confinadas en barrenos son potenciales fuentes de energía en las componentes de bajas frecuencias observadas en los espectros de frecuencias y de respuesta. Este aporte extra de energía – una vez que normalmente no se observa en las voladuras en superficie –, son potencialmente peligrosas a las estructuras civiles, lo que clasifica las voladuras subacuáticas como una operación que requiere cuidados y técnicas especializadas para controlar estos fenómenos.

Se ha evidenciado en los ejemplos analizados durante el transcurso del trabajo los efectos generados por las ondas hidrodinámicas en los espectros de respuesta y de frecuencias de las voladuras subacuáticas. Además, los siguientes puntos han sido observados:

(i) Frecuencias dominantes más bajas conlleva a generar unas amplificaciones en rangos de frecuencias que son potencialmente peligrosas para las estructuras, una vez que sus frecuencias naturales se encuentran normalmente en un umbral de 4-12 Hz.

(ii) Las leyes de atenuación para las velocidades parecen comportarse de forma similar a las observadas en superficie. Sin embargo, los desplazamientos y aceleraciones son fuertemente influenciados por las frecuencias dominantes primarias y secundarias.

(iii) Las amplificaciones observadas para las velocidades son superiores a las obtenidas por Dowding (1985) en voladuras de superficie y túneles. La combinación de energía en bajas frecuencias por las ondas hidrodinámicas y espesuras de las capas acuáticas parecen contribuir a las amplificaciones.

(iv) Las ondas transmitidas al terreno debido a las ondas hidrodinámicas son como ondas convolucionadas en la historia temporal obtenida en tierra. La frecuencia relacionada al retraso temporal de su llegada sugiere ser un importante parámetro en la evaluación de las frecuencias dominantes secundarias.

(v) Esta onda secundaria puede ser tratada separadamente durante la composición del espectro de respuesta. Los contornos espectrales estimados son correlacionados con las ondas principales, que se propagan predominantemente por el medio sólido y con las ondas secundarias, que se propagan predominantemente por el medio acuático, debido al efecto de las ondas hidrodinámicas. El espectro resultante es la envolvente de los dos espectros obtenidos.

(vi) El retraso temporal de las ondas hidrodinámicas puede coincidir con la llegada de las ondas superficiales o generándolas, incrementando potencialmente la presencia de energía en bajas frecuencias.

(vii)El método de predicción del espectro de respuesta tradicional propuesto por Dowding (1985) no se aplica muy bien a historias temporales donde los efectos hidrodinámicos son evidentes. Los picos asociados a las frecuencias dominantes secundarias no son reconocidos en este método.

(viii)El método propuesto para la predicción de los contornos espectrales de respuesta para voladuras subacuáticas parece ser coherente. Basado en el análisis de los datos publicados por Condon et al. (1970), ha sido posible correlacionar los picos de las ondas hidrodinámicas equivalentes – en las distancias analizadas en tierra – con los picos de velocidad de partículas generados por la contribución de las ondas hidrodinámicas.

(ix)Las técnicas desarrolladas en el trabajo evidencian aspectos importantes de los efectos sísmicos generados por las voladuras subacuáticas, permitiendo identificar factores que contribuyen en su ocurrencia, metodologías de control y medios de minimizarlos.

Todavía hay mucho trabajo a realizar. Los fenómenos de las bajas frecuencias asociadas a las detonaciones subacuáticas de cargas explosivas necesitan ser profundamente investigadas, relacionando de forma más clarificadora los mecanismos que se manifiestan en las historias temporales observadas en superficie. Por lo tanto, como recomendación para trabajos futuros, se propone el estudio de las técnicas cepstrales, a fin de observar y aislar las contribuciones de las ondas hidrodinámicas. Además, estudiar las ondas hidrodinámicas medidas en la orilla del medio acuático, relacionándola por medio de una función de transferencia con las vibraciones registradas en tierra. Identificando la contribución de las ondas hidrodinámicas en términos de frecuencias y amplitudes.

7
REFERENCIAS BIBLIOGRÁFICAS

Abrahams, J. L. (1974). "Underwater drilling and blasting for rock dredging 4F, 5T, 10R". Proc. Instn. Civ. Engrs, V51, N1, Nov. 1974, P46–478.

Allsman, P. (1960). "Analysis of explosive action in breaking rock". Transactions, Australian Institute of Mining and Metallurgy.

Ambraseys, N. R., & Hendron, A. J. (1968). "Dynamic Behavior of Rock Masses". Rock Mechanics in Engineering Practice, (K. G. Stagg and O. C. Zienkiewicz, Eds.), John Wiley & Sons, Inc., London, pp. 203-227.

Andersen, O. (1952). "Blasthole burden design introducing a formula". AusIMM Trans 1952:166–7.

Arons, A. B. (1954). "Underwater explosion shock wave parame-ters at large distances from the charge". Journal of the Acoustical Society of America, vol. 26, pp 343 – 346.

Ash, R. L. (1963). " The mechanics of the rock breakage". Pit Quarry 1963; 56:98–100.

Attewell, P. B., & Haslam, D. (1965). "Prediction of ground vibration parameters from major quarry blasts". Journal of Mining and Mineral Engineering.

Bartley, D., Maclure, R., & Reisz, W. (2006). "Why the 8ms Rule Doesn't work". Proceedings of the 32nd Annual Conference on Explosives and Blasting Technique, Vol. 2, Texas, USA.

Baumgardt, D. (1998). "Anomalies in high frequency P/S ratios: the 16 October 1997 underwater explosion near Murmansk and PNEs recorded at Borovoye".

Technical Note submitted to DOD Nuclear Treaty Program Office, May 6.

Baumgardt, D. R., & Der, Z. (1998). "Identification of presumed shallow underwater chemical explosions using land-based arrays". Bull. Seism. Soc. Am., 88.

Baumgardt, D. R., & Freeman, A. (2005). "Characterization of Underwater Explosions by Spectral/Cepstral Analysis, Modeling and Inversion". Technical Report. ENSCO, Inc. Port Royal Road. Springfield.

Baumgardt, D. R., & Ziegler, K. A. (1988). "Spectral Evidence for Source Multiplicity In Explosions: Application To Regional Discrimination Of Earthquakes And Explosions". Bulletin of the Seismological Society of America, VoL 78, No. 5, pp. 1773-1795, October.

Baxter II, L., Hays, E. E., Hampson, G. R., & Backus, R. H. (1982). "Mortality of fish subjected to explosive shock as applied to ail well severance on Georges Bank". Woods hole Oceanographic Institution. Massachusetts. 02543.

Berta, G. (1985). "L'Explosivo Strumento Di Valoro". Italexplosivi.

Bollinger, G. A. (1980). "Blast Vibration Analysis". Southern Illinois Press, Carbondale, III., 132pp.

Brady, B. H., & Brown, E. T. (2005). "Rock Mechanics for Underground Mining". Springer.

Brekhovskikh, L. M. (1960). "Waves in Layered Media". (English translation), Academic Press, New York.

Buckingham, E. (1915). “The principle of similitude”. Nature 96.

Carr, B. (1985). in Lopez Jimeno et al. (1995).

Chapman, N. R. (1985). "Measurement of the waveform parameters of shallow explosive charges”. Journal of the Acoustical Society of America, vol. 78, pp 672 – 681.

Chopra, A. K. (1995). "Dynamics of Structures - Theory and Applications to Earthquake Engineering". Prentice Hall. Englewood Cliffs, New Jersey, 07632.

Clough, R. W., & Penzien, J. (1995). "Dynamics of structures". 3rd edition. International Civil Engineering Consultants, Inc. Berkeley, CA. USA.

Coates, D. F., Gyenge, M., & Laroque, G. E. (1973). "Incremental design of blasting patterns". In Proc. 9Th. Canad. Rock Mech. Symp. Montreal, pp. 211 – 233.

Cole, R. H. (1948). "Underwater Explosions". Princeton University Press, Princeton, NJ.

Condon, J. L., Murphy, J. N., & Fogelson, D. E. (1970). "Seismic Effects Associated with an Underwater Explosive Research Facility". Report of Investigations. NTIS: PB 192 415 :20 pages.

Connor, J. G. (1990). "Underwater Blast Effects from Explosive Severance of Offshore Platform Legs and Well Conductors". Naval Surface Warfare Center. NAVSWC TR 90-532.

Cook, M. A. (1958). "The science of high explosives". Reirhold Publishing corp, Robert e Hrieger inc Huntington (1971) New York.

Cooley, J. W., & Tukey, J. W. (1965). "An Algorithm for the Machine Calculation of Complex Fourier Series". Mathematics of Computation 19(90):297-301.

Devine, J. R. (1966). "Avoiding Damage to Residences from Blasting Vibrations". Highway Research Record 135, Highway Research Board, National Research Council, National Academy of Sciences, pp. 35-42.

Dinis da Gama, C. (1970). "Similitude conditions in models for studies of bench blasting". proc. 2nd Congr. Int. Soc.

Dinis da Gama, C. (1971). "Otimização do arranque de rochas com explosivos". Luanda.

Dowding, C. H. (1985). "Blast Vibration Monitoring and Control". Northwestern University. Prentice-Hall International Series.

Engineering Research Associates, I. (1952). "Underground Explosion Test Program Final Report, Volume l: Soil,". prepared for the U.S. Army Corps of Engineers, Sacramento District, Contract DA-040167.

Engineering Research Associates, I. (1953). "Underground Explosion Test Program Final Report, Volume II: Rock,". prepared for the U.S. Army Corps of Engineers, Sacramento District, Contract DA-040167.

Espinosa, H. d., & Pascual, J. A. (2003). "Underwater blasting in Algeciras-Spain for the world biggest floating dock". Explosives and Blasting Technique: Proceedings of the EFEE 2nd World Conference, Prague, Czech Republic, 10-12 September 2003. CRC Press.

Foldesi, J. (1980). in Lopez Jimeno et al. (1995).

Fraenkel, K. (1954). "Handbook in rock blasting technique, Part 1". Stockholm: Esselte A.B.; 1954.

Gil'manov, R. A. (1984). "Effect of shock waves during underwater borehole blasting". Gidrotekhnicheskoe Stroitel'stvo, No. 5 (English translation) Plenum Publishing Corporation.

Gitterman, Y., Ben-Avraham, Z., & Ginzburg, A. (1998). "Spectral analysis of underwater explosions in the Dead Sea". Geophys. J. Int. (1998) 134, 460–472.

Gupta, A. K. (1990). "Response Spectrum Method in Seismic Analysis and Design of Structures". Blackwell Scientific Publications, Inc.

Hagan, T. N. (1977). "Rock breakage by explosives". Sixth Internacional Colloquim on Gas Dynamics of Explosions and Reactive Systems, Stockolm. August.

Halliday, D., Resnick, R., & Walker, J. (1993). "Fundamentos de física 1 - mecânica". LTC.

Hansen, D. W. (1967). "Drilling and blasting techniques for morrow point power plant". Proceedings of the 9th symposium of rock mechanics. Golden; 17–19 April 1967. p. 347–60.

Hino, K. (1959). "Theory and practice of blasting". Asa, Japan: Nippon Kayaku Co., 1959.

Hoek, E., & Bray, J. D. (1977). "Rock Slope Engineering". Ed London IMM. Cap 11 p 271-307.

Holmberg, R., & Persson, P. A. (1978). "Ground vibrations in the near vicinity of blasts at BolidenAB's Aitik Mine". Swedish Detonic Research Foundation Report DS: 1 (in Swedish).

Holmberg, R., Arnberg, P. W., Bennerhult, D., Forssblad, L., Gere-Ben, L., Hellman, L., . . . Wallmark, G. (1984). "Vibrations Generated by Traffic and Building Construction Activities". Swedish Council for Building Research (BRF), Report D15:1984, Stockholm, Sweden.

Hubbs, C. L., & Rechnitzer, A. B. (1952). "Report on experiments designed to determine effects of underwater explosions on fish life". California Fish and Game 38:333-366.

Hustrulid, W. (1999). "Blasting Principles for Open Pit Mining". Volume 2 – Theoretical Foundation. Balkema.

Johnnsson, C. H., & Persson, P. A. (1970). "Detonics of high explosives". Academic Press, 1970.

Keevin, T. M., & Hempen, G. L. (1997). "The environmental Effects of Underwater Explosions with Methods to Mitigate Impacts". U.S. Army Corps of Engineers. August.

Konya, C. J. (1972). "The use of shaped explosive charges to investigate permeability, penetration, and fracture formation in coal, dolomite, and plexiglas". PhD thesis. Department of Mining and Petroleum Engineering, University of Missouri at Rolla; 1972.

Konya, C. J. (1983). "Blasting Design". Surface Mining Environmental Monitoring and Reclamation Handbook.

Konya, C. J., & Walter, E. J. (1985). "Seminar on blasting and overbreak control (rock blasting).". U.S. Department of Transportation, Federal Highway Administration, Contract DTFH 61-83-C-00110. National Technical Information Service. Springfield, VA.

Konya, C. J., & Walter, E. J. (1990). "Surface Blast Design". Prentice Hall; First Edition.

Kopp, J. W., & Siskind, D. E. (1986). "Effects of millisecond-delay intervals on vibration and airblast from surface coal mines blasting". U.S. Dept. of the Interior, Bureau of Mines, 1986.

Kramer, F. S., & Walter, W. C. (1968). "Seismic Energy Sources. Handbook". United Geophysical Corporation. Tulsa, OK.

Kramer, S. (1996). "Geotechnical Earthquake Engineering·. Prentice Hall, 653 pp.

Langan, R. T. (1980). "Adequacy of Single-Degree-of-Freedom System Modeling of Structural Response to Blasting Vibrations". M.S. thesis, Department of Civil Engineering, Northwestern University, Evanston, III.

Langefors, U., & Kihlstrom, B. (1978). "The modern technique of rock blasting". John Wiley and Sons, New York, NY.

Langhaar, H. L. (1951). "Dimensional Analysis and Theory of Models". John Wiley & Sons, Inc., New York.

Lopez Cano, M., Couceiro, P., & Rodriguez Calvo, C. E. (2011). "Marine Blasting on the New Panama Canal". Proceedings of the 38th Conference on Explosives and Blasting Techniques. ISEE: International Society of Explosives Engineers.

Lopez Jimeno, C., Lopez Jimeno, E., & Bermudez, P. G. (2003). "Manual de perforacion y voladura de rocas". U.D. Proyectos. E.T.S.I. Minas – UPM.

Lopez Jimeno, E. (1980). "Parámetros Críticos en la Fragmentación de Rocas con Explosivos". VI Jornadas Minerometalúrgicas. Huelva.

Lopez Jimeno, E., Lopez Jimeno, C., & Carcero, F. J. (1995). "Drilling and Blasting of Rock". Geomining Technical Institute of Spain, A.A. Balkema, Rotterdam, 390p.

Lopez, L. M. (2003). "Evaluación de la Energía de los Explosivos Mediante Modelos Termodinámicos de Detonación". Universidad politécnica de Madrid. Escuela técnica superior de ingenieros de minas. Tesis Doctoral.

Love, A. E. (1927). "Mathematical Theory of Elasticity". Dover, New York.

Medearis, K. (1976). "The Development of Rational Damage Criteria for Low-Rise Structures Subjected to Blasting Vibrations". Kenneth Medearis Associates, Final Report to National Crushed Stone Assn., Washington, D.C.

Medwin, H. (1975). "Speed of sound in water for realistic parameters". Journal of the Acoustical Society of America 58:1318.

Mellor, M. (1986). "Blasting and blasting effects in cold regions, Part II: Underwater explosions". Special Report 86-16. USA Cold Regions Research and Engineering Laboratory, Handover, New Hampshire.

Munday, D., Ennis, G. L., Wright, D. G., & Jeffries, D. C. (1986). "Development and evaluation of a model to predict effects of buried underwater blasting charges on fish populations in shallow water areas". Canadian Technical Report of Fisheries and Aquatic Sciences No.1418.

Nedwell, J. R., & Thandavamoorthy, T. S. (1989). "Laboratory measurement of the blast pressure underwater due to the underwater detonation of buried and freely-suspended explosive charges". Institute for Sound & Vibration Research, University of Southampton, ISVR Memorandum 698.

Nedwell, J. R., & Thandavamoorthy, T. S. (1992). "The waterborne pressure wave from buried explosive charges: an experimental investigation". Applied Acoustics, vol. 37, pp 1 – 14.

Nedwell, J., Needham, K., Gordon, J., Rogers, C., & Gordon, T. (2001). "The effects of underwater blast during wellhead severance in the North Sea". Subacoustech Ltd. Report No. 469-R-0202, November 2001.

Newmark, N. M., & Hall, W. J. (1982). "Earthquake-Spectra-and-Design". Department of Civil Engineering. University of Illinois at Urbana-Champaing.

Nicholls, H. R., Charles, F. J., & Duvall, W. I. (1971). "Blasting vibrations and their effects on structures". Bureau of Mines. U.S. Bulletin 656.

Nie, S. (1999). "Measurement of borehole pressure history in blast holes in rock blocks". Fragblast: South African Institute of Mining and Metallurgy, Johannesburg, South Africa.

Olofsson, S. O. (1990). "Applied Explosives Technology for Construction and Mining". Applex.

Oriard, L. L. (1983). "Underwater explosives detonations and structural responses, Guri Hydro Project, Venezuela". Waterpower 83, International Conference on Hydropower.

Oriard, L. L. (1985). "Seismic waves transmitted from rock to water: theory and experience". Proceedings of 1st Mini-Symposium on Explosives and Blasting Research. San Diego, California. Society of Explosives Engineers, Cleveland, OH.

Oriard, L. L. (2002). "Explosives Engineering, Construction Vibrations and Geotechnology". International Society of Explosives Engineers, Cleveland Ohio, USA.

Pearse, G. E. (1955). "Rock blasting—some aspects on the theory and practice". Min Quarry Eng 1955; 21:25–30.

Persson, P. A., Lundborg, N., & Johansson, C. H. (1970). "The basic mechanisms in rock Blasting". Proc. 2nd Congr. Int. Soc. Rock Mech., Belgrade, Theme 5, N° 3. Pp 24.

Persson, P., Holmberg, R., & Lee, J. (1994). "Rock Blasting and Explosives Engineering". CRC Press, Boca Raton.

Powell, A. (1995). "Underwater explosion shock wave due to a buried charge". Journal of Acoustical Society of America. Vol. 98, No. 5. Department of Mechanics Engineering. University of Houston TX 77204-4792.

Praillet, R. (1980). "A New Approach to Drilling and Blasting". Technical publications, Drilltech Inc. Alachua, USA, 73p.

Rolim, J. L. (2006). "Desmonte de Rochas". Notas de Aulas. Universidade Federal de Pernambuco. UFPE. DEMINAS.

Roy, P. P., & Singh, S. R. (1998). "New Burden and Spacing Formulae for Optimum Blasting". 14th Symposium on Explosives and Blasting Research. ISEE. Lousiana. USA.

Rustan, P. A. (1990). "Burden, spacing and borehole diameter at rock blasting". Proceedings of the 3rd international symposium on rock fragmentation by blasting. Brisbane; 26–31 August 1990. p. 303–10.

Sanchidrián, J. A., & Muñiz, E. (2000). "Curso de Tecnología de Explosivos". UPM - Universidad Politécnica de Madrid - Escuela Técnica Superior de Ingenieros de Minas. Ed. Fundación Gómes Pardo.

Shoop, S., & Daemen, J. (1983). "Site-Specific Predictions of Ground Vibrations Induced by Blasting". AIME Spring Meeting, March, Atlanta, 1983.

Silva-Castro, J. J. (2012). "Blast Vibration Modeling Using Improved Signature Hole Technique for Bench Blast". Lexington, Kentucky. Dissertation submitted in partial fulfillment of the requirements for the degree of Doctor of Philosophy.

Siskind, D. E., Stagg, M., Kopp, J. W., & Dowding, C. H. (1989). "Structura Response and Damage Produuced by Ground Vibration from Surface Mine Blasting". Report of Investigation 8507. Bureau of Mines.

Slifko, J. P. (1967). "Pressure pulse characteristics of deep explosions as a function of depth and range". U.S. Navy NOLTR 67-87.

Stagg, M. S., & Engler, A. J. (1980). "Ground Vibration Measurement and Seismograph Calibration". BuMmes RI 8506, 1980 (in press).

Swisdak, M. (1978). "Explosion effects and properties. Part II: Explosion effects in water". Naval Surface Weapons Center, Technical Report 76-116, 109 pp.

Telford, W. M., Geldart, L. P., & Sherif, R. E. (1990). "Applied Geophysics". 2th Edition. New York: Cambridge University Press.

Thoenen, J. R., & Windes, S. L. (1942). "Seismic Effects of Quarry Blasting". U.S. Bureau of Mines Bulletin 442, 83 pp.

Thorby, D. (2008). "Structural Dynamics and Vibration in Practice - An Engineering Handbook". Butterworth-Heinemann.

Ucar, R. (1978). "Importancia del Retiro en el Diseño de Voladuras y Parámetros a

Considerar". GEOS, 24-3-10, Caracas, Enero, 1978.

Veletsos, A. S., & Newmark, N. M. (1964). "Design Procedures for Shock Isolation Systems of Underground Protective Structures, Volume III; Response Spectra of Single Degree-of-Freedom Elastic and Inelastic Systems". Air Force Weapons Laboratory Technical Documentary Report RTD TDR-63-3096 AD44989-Volume III.

Villano, E., & Charlie, W. (1993). "Stress wave propagation in unsaturated sands - Vol II Field explosive tests". Colorado State University, Final report ESL-TR-92-73.

Whittaker, B. N., Singh, R. N., & Sun, G. (1992). "Rock fracture mechanic: principles, design and applications". Amsterdam, elsevier science, 1992, cap13. ed.

Willis, D. E. (1963). "Seismic measurements of large underwater shots". Bull. seism. Soc. Am., 53, 789–809.

Wiss, J. F., & Linehan, P. W. (1979). "Control of Vibration and Blast Noise from Surface Coal Mining". BuMines Open File Rept. 79-103, 1979, v. I, 159 pp.

Wiss, J. F., & Linehan, P. W. (1980). "Control of Vibration and Blast Noise from Surface Coal Mining". SME-AIME Fall meeting.

Young, G. A. (1971). "The physical effects of conventional explosions on the ocean environment". U.S. Naval Ordnance Laboratory, White Oak, Silver Spring, Nd., NOLTR 71-120.

Young, G. A. (1973). "Plume and ejecta hazards from underwater explosions". U.S. Naval Ordnance Laboratory, White Oak, Silver Spring, Md., NOLTR 73-111.

Printed by Books on Demand GmbH, Norderstedt / Germany